まんじゅう屋列伝

弟子吉治郎
Deshi Kichijiro

青弓社

まんじゅう屋列伝　目次

和菓子のマイスター 小木曽進 121

装丁――神田昇和

まえがき

おいしいまんじゅうを食べると心が躍ります。

六十年以上まんじゅうを食べ続けてきてやっとわかったのは、おいしいまんじゅうを作る店は度外れて研究熱心だということです。

原料の小豆と砂糖などが味に占める役割はもちろん大きいのですが、それよりも職人がチャレンジして失敗し、工夫して改良し、もっとおいしいまんじゅうを作りたいという心根がまんじゅうをおいしくするいちばんの要因です。

和歌山県串本町の儀平《ぎへい》は初代がオーストラリアに潜水夫として出稼ぎをして、それで得た資金を元手にまんじゅう屋を始め、二代目が甘くないまんじゅうを作り上げようと一人で海に向かって製造してきました。

岐阜県郡上市の両月《りょうげつ》堂は、見習い先で教えてもらえなかったカステラを自力で焼こうとして何十回も失敗しています。ああすればこうなり、こうすればそうなるという因果関係をずっと考えて、いまも楽しくまんじゅうを作っています。

名古屋市北区の老木《ろうき》やは、少年時代に鉱石ラジオと真空管ラジオを自作して以来いまでもまだ新しいものを作っている八十歳です。店主のさまざまな試みは、まんじゅう職人というより機械工学の研究者に近いのです。

三軒のまんじゅう屋に何度も通って話を聞き、実際に自分の舌で味わって言葉にしたのが本書です。おいしく味わっていただければ幸いです。

海の底からまんじゅう屋　田嶋虎吉と田嶋儀助

1　海底七十メートルのドラマ

オーストラリアの海底

命と金、そして努力と運。その大事さを知り尽くした男が一八九三年（明治二十六年）に和歌山県東牟婁《ひがしむろ》郡串本でまんじゅう屋を始めた。

命がどういうものであるかを知ったのは、オーストラリア最北端ヨーク岬沖の木曜島でのことだ。南緯一〇度付近にある島だから北半球でいえばおおよそグアム島ぐらいの場所で、一年中暑い。東西三キロメートル、南北一キロメートルのごくごく小さな島で、飲み水はなく、当時は無人島だった。英語読みはサーズデイアイランド。木曜島付近の海底に潜って貝を採るのは命と引き換えの危険な作業で、潜水病の恐ろしさとも相まって、毎日が死と隣り合わせだった。にもかかわらず、千人有余の日本人が深さ十五メートルから八十メートルの海底に潜って貝を採った。

なぜなら大金が稼げた。潜水夫だろうが船員だろうが下働きだろうが、日本では考えられない高給が支払われたから大勢の人々が出稼ぎにきた。船の上の賄いでも日本の月給取りの二倍、水夫で三倍、命綱を握るテンダーという仕事で五倍、ダイバーは十倍から十五倍以上の多額の報酬を得ることができたという。危険がより増す深さ七十メートルほどの海底には貝が密集していて、短時間で大量に採ることができるから、命知らずのダイバーたちは出来高払いでもっともっと稼いだ。

一方で運がない者は現地人との諍いで命を落とすか、鮫に食われたりした。むろん、熱帯特有の病気で死ぬ者もいた。他方、命と金と努力と運の四つを操って成功する者も大勢いた。

儀平の創業者

そのなかの一人が、まんじゅう屋儀平の創業者田嶋虎吉である。虎吉が和歌山県串本で生まれたのは嘉永六年（一八五三年）。ペリーが浦賀にやってきた年である。

串本にとっては翌嘉永七年（一八五四年）に起きた安政南海地震（嘉永は十二月に安政に改元された）が大きな爪痕となって歴史に記録されている。津波碑があちこちにあって、和歌山県湯浅町の「大地震津なみ心え之記碑」にはこんなことが記されている。

嘉永七年十一月四日（新暦では十二月二四日）晴天四ッ時　大地震凡半時ばかり　瓦落柱ねぢれたる家も多し　川口より来たることおびたゞしかりしかとも　其日もことなく暮て　翌五日昼七ッ時　きのふよりつよき地震にて　未申のかた海鳴こと三四度見るうち　海のおもて山のごとくもりあがり　津波といふやいな高波うちあげ　北川南川原へ大木大石をさかまき　家蔵船みぢんニ砕き　高波おし来たる勢ひすさまじく　おそろしなんといはんかたなし

和歌山地方気象台の記録では、こうなっている。

マグニチュード8・4。死者七十二、家屋流出一四一四、船舶流出、浸水多数。湯の峰温泉・白浜の温泉群止まる。津波の最大波高：串本で五丈（一五メートル）、古座で三丈（九メートル）。土地：串本で約一メートル隆起、加太で一メートル沈下。

海辺の寒村だから浜小屋と差がない小さな家だっただろう。「柱ねぢれたる家」が多かったのが四日で、翌日にはその傾いた家ごと海に流されたのではないか。

これが虎吉一歳のときである。

母なる海が牙をむき浜辺の集落を蹂躙すると、たちまち飲み水も食料もなくなる。米櫃が流された。季節は冬で野菜がない。魚を取るにも船も網も何もない。南国とはいえ冬の寒さを防ぐ家、布団、衣服。想像を絶する難儀が降りかかっただろう。毎日の生活に苦労しているなかで、村人たちの誰かが外国に移り住んだり出稼ぎにいき始めたのは、明治の初めのころだ。虎吉も、成長するにしたがって串本を離れて稼ぐことを考えた。

串本から出稼ぎ

田嶋虎吉がオーストラリアに出稼ぎにいったのは、おそらく一八八四年（明治十七年）のことと思われる。おそらく、と年号をあいまいにせざるをえないのは、虎吉にかかわる記録で残っているのが、オーストラリアから帰ったあと、まんじゅう屋を開業した九三年（明治二十六年）という年号だけであり、それから逆算するとオーストラリアに渡ったのは八四年だろうと推測できるからだ。

『串本町史』の「第二篇人文誌、第三章戸数及び人口」の第六節に外国出稼ぎ者という一項があり、ここには虎吉かもしれない人物の記録がある。

串本に於ける海外出稼者については岡田甚松〔通称善次郎〕等明治十七年四月に契約移民で豪州「ポートダーウイン」へ行ったのが抑もの濫觴《らんしょう》〔始まりの意味〕であるが其後二ヵ月にして前田兵次郎、南虎吉〔七兵衛の〕、前田常助〔善五郎の〕の三人が矢張り契約移民で木曜島に渡航して一ヵ月日貨拾弐円五拾銭の約束で採貝船に乗組んだ。

文中の南虎吉は姓が南であるのか、住んでいる地区が南なのか、どちらとも解釈できる。明治初期には庶民のすべてが姓を名乗っていたわけではなく、姓の代わりに住んでいる地区名を名前に冠することがよくあったからだ。南に住んでいる七兵衛の息子の虎吉というふうに解釈していいのかどうかは、時代が古すぎて判断材料がない。

ともあれ一八八〇年代後半〔明治二十年代〕の日本の情勢をいくつか挙げるとすれば、新橋―神戸間の鉄道が全通したのが八九年〔明治二十二年〕。官吏、上流階級は洋装だが庶民は着物。主食は麦や雑穀。稗や芋も食べていて、米は富裕層の主食。銭湯も一部は混浴のまま。九四年〔明治二十七年〕に日清戦争が始まった。現代のわれわれの暮らしからは何一つ想像することができない「むかし」のことだ。

串本潮岬

潮岬の木曜島資料館

　虎吉が生まれ育った和歌山県串本は「本州最南端」の碑が立つ潮岬のある町だ。ビルなら十階以上もある断崖には太平洋の荒波が激しく打ち付ける。十万平方メートルの望楼の芝から見はるかすと、水平線が孤を描いていることまではっきりわかる。犬は駆け回り、子どもがコロコロ転がって遊んでいる様はなんともほほ笑ましいが、台風の季節には人も飛ばされるほどの強風が吹くという。

　この断崖から二十メートルほど内陸に入ったところに休憩所があり、そこに併設されている資料館に木曜島でおこなわれた貝採取に関する貴重な資料が展示されている。

白蝶貝《しろちょうがい》、黒蝶貝、真珠貝の実物は二十センチほどの大きさで貝殻としては厚さがあり、光沢がとても美しくヨーロッパで高級な貝ボタンの素材として珍重され高値で取引されたのもうなずける。

　驚くのは、当時使っていた旧式の色褪せたオレンジ色の潜水服と、釜と呼ばれるヘルメットである。頑丈そうに見えるがとても性能がいいようには思えないし、いかにも重そうだ。この服装で水圧の高い海底を歩くのは至難の業だろう。投光器も懐中電灯もない時代だから、わずかな日光だけが頼りである。十メートルくらいまでの深さはけっこう明るいらしいが、七十メートルの深さになるとほとんど勘に頼るしかなかった。実際に貝殻を選り分けている船上の様子も写真に残っている。帆船だから帆と綱が目立つ。

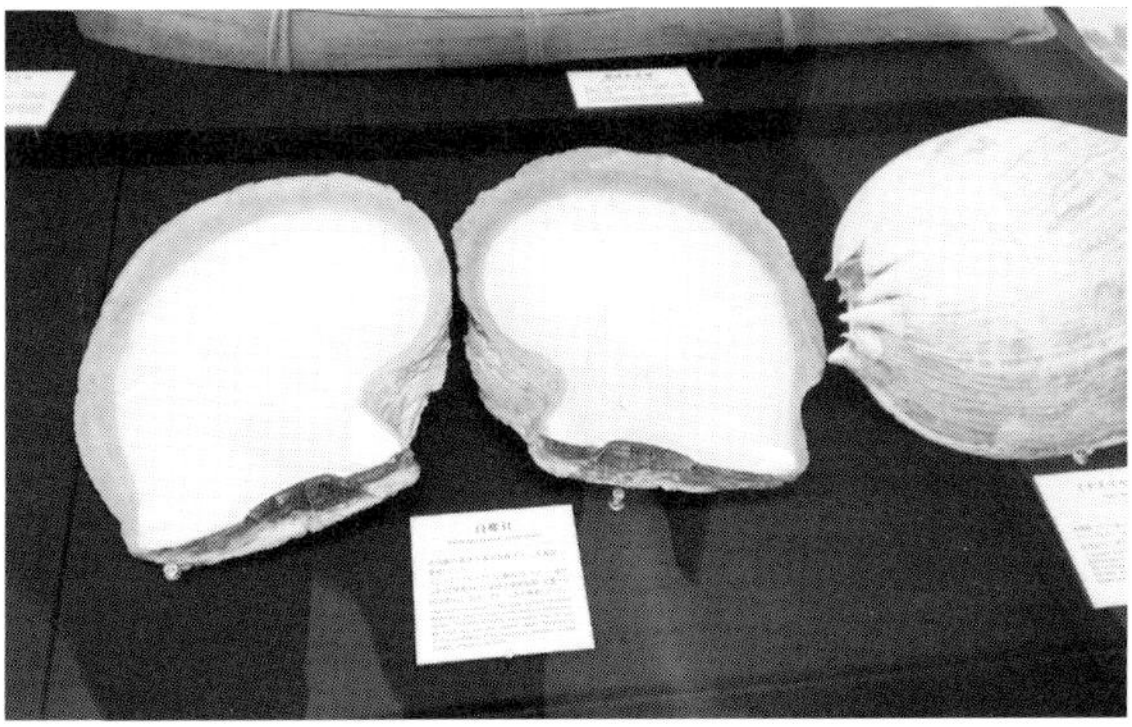

白蝶貝

旧式潜水ヘルメット

島での暮らしぶりの写真は大正時代以降のものだが、当時の日常がうかがい知れる。
昭和に入ってオーストラリアへ渡った人や帰ってきた人たちの名簿が展示されている。一八七五年（明治八年）には島に日本人の墓があったというから、少なくともそれ以前から日本人が住んでいたこともわかる。

串本と木曜島の関係が深くなるのは明治中期以降だが、一八七七年（明治十年）前後にイギリス人に雇われてオーストラリアに渡った人間が、「この仕事は命の危険を伴う仕事だが面白いし、なによりも大金が稼げる」という話を広めて、実際に彼らが持ち帰った多額の金を見て大勢の人間が渡航するようになった。

年表をよく見ると一八八九年（明治二十二年）に帰国した田並（現在の東牟婁郡串本町田並）の人物が寺の鐘撞き堂を作るために百円を寄付したという記述がある。現代の貨幣価値に換算すると三百万円か四百万円ぐらいだろう。お寺の鐘を寄付するような人はいわゆる素封家か網元か山林地主か、とにかく先祖代々の金持ちと相場は決まっている。よりによって、食うに困って命がけの出稼ぎで貯めた金をポーンと釣り鐘作りに寄付したという記録だ。現地で死ぬような恐ろしい目にあって無事帰国したお礼に仏心を出して寄付したことも考えられるが、それにしても豪気な話である。昔の串本の町は藁ぶき屋根が多かったが、出稼ぎから帰る人が増えるたびにもうけた金を使って瓦ぶきの屋根に変えていったともいう。

当時の資料を眺めているとさまざまな人間模様が浮かんできて、時がたつのを忘れてしまう。

和歌山県の紀南地方串本町田並、古座川《こざがわ》、周参見《すさみ》の男たちは初期には中国向けのナマコの採取などもしていたが、徐々に稼ぎがずっといい白蝶貝、黒蝶貝、真珠貝などの採取に転じた。

近年に入って古老の聞き書きをもとにした資料やオーストラリアの研究者の本などもたくさんあるので、それらを参考にし、いささかの推測と想像も交えながら往時をしのんでみる。

白蝶貝採取の危険

浅いところで深さ十尋《ひろ》から十五尋というから、おおよそ二十メートル前後の海底に生息する白蝶貝をヨーロッパとオーストラリアの会社がダイバーを使って採らせていた。オーストラリアの現地人や西洋から来た作業員はどうにもうまく採取ができない。そんななかで長時間にわたって深い海底で効率よく貝を採ってくる日本人は高い給料で雇われ、その人数も増え続けた。日本人は四十尋から五十尋までも潜る。水深六十メートルから八十メートルほどの深さである。その深さには水流の加減で寄せ集められる貝が密集していることと、そこまで潜るダイバーが少ないことから大量に採取できるのだが、賢明で慎重なダイバーのなかには自分が潜るのは十五尋までと決めていた者もいたらしい。

旧式の潜水服で潜る海底での作業は危険がいっぱいで、いくら潜水服を着ていても大きな水圧がかかることにかわりはなく、船から送られてくる空気に含まれる窒素ガスなどが血液や人体の組織に溶け込んで思考力や判断力が低下し窒素酔い状態になる。船の上でそれがわかればゆっくり引き揚げるのだが、海底で酩酊状態のまま長時間潜りっぱなしでいたり、逆に引き揚げるのがあまりに速すぎたりすると、血液中に泡や血栓ができて深刻な潜水病になる。一命は取り留めても、歩行障害や半身不随になるなどの重い後遺症が残る。

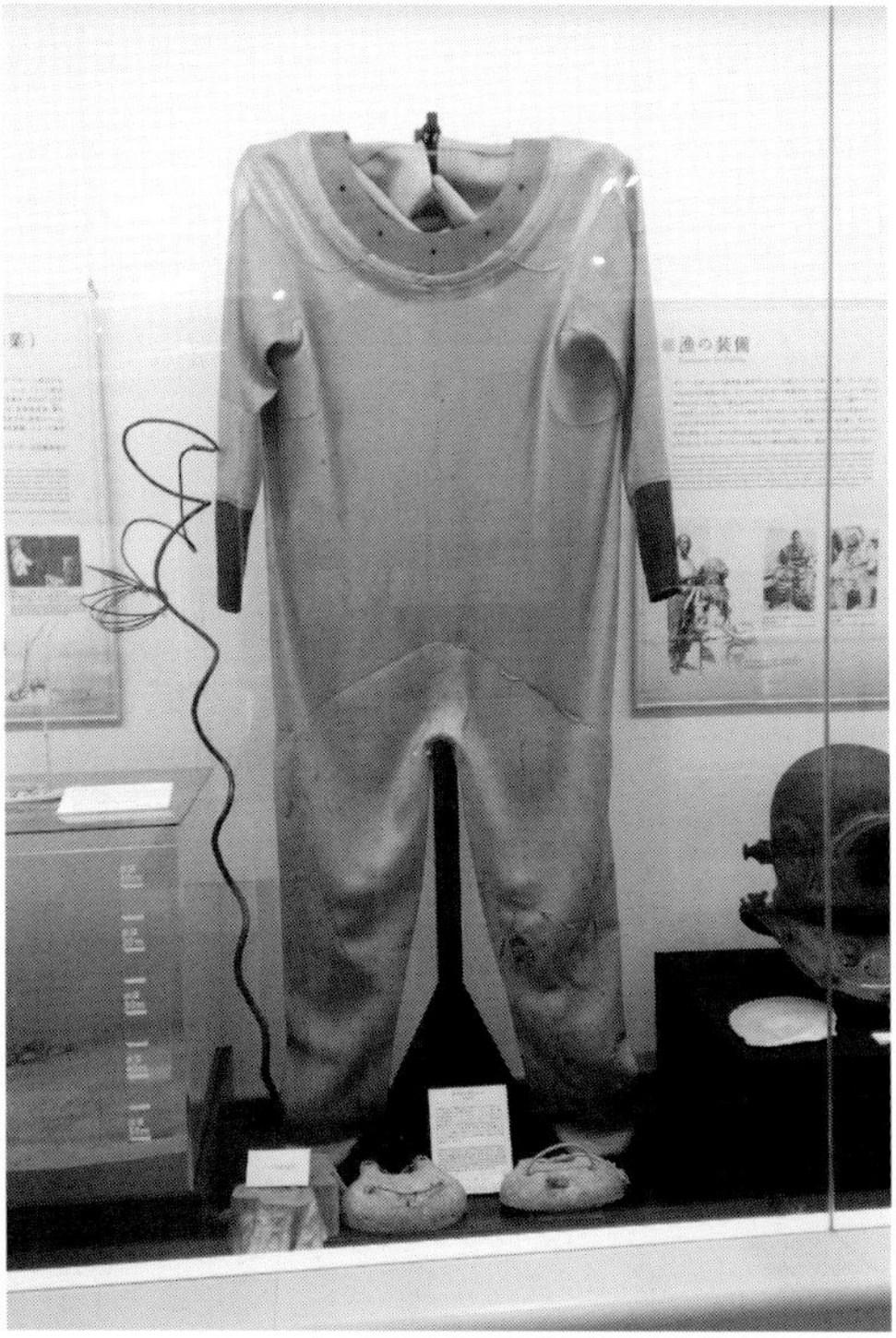
旧式潜水服

そればかりか、空気を送るホースが珊瑚に絡まり切れて窒息死するなど機械事故で命を落とす者も多かった。手回し送風機で空気を送るのだからひとときも休むことはできない。浅い海なら力も少なくてすむが、五十メートル以上の深さになると二人の若者が交互にハンドルを五、六回ずつ回しては交替するのだから、何かの拍子に空気が送れなくなることも頻発し、ダイバーはたちまち落命することになる。

また、採取した貝は装飾用だから中身は不要で、甲板作業員は中身を外して海に捨てる。するとそれを狙って鮫が寄ってくることがあり、船に上がる途中で鮫に食いちぎられ、身体の一部しか浮いてこない死体もあったという。海には毒蛇がいて噛まれることもあったらしい。愉快そうだが笑っていられないのは発情期のメスの海亀だそうだ。オスに巡り合えずにイライラしているときにダイバーを見つけると、抱きついて離れない。エイはもっとえげつなくて、蹴とばしたり殴ったりしても、逆に口先が鋭い剣先でブスリと突き刺される。鯨が水面近くを泳ぐと一瞬にして暗くなり、運が悪いと送風パイプを引っかけたりもする。こういう昔語りは小川平『アラフラ海の真珠——聞書・紀南のダイバー百年史』（あゆみ出版、一九七六年）に詳しい。

海底には釜と呼ばれたヘルメットの残骸があちらこちらに墓標のように無残に転がっていたという恐ろしい記録もあり、白蝶貝採取仕事で命を落とした人間は七百人とも千人ともいわれている。

司馬遼太郎によると

司馬遼太郎は『木曜島の夜会』（文春文庫）、文藝春秋、二〇一一年）で、オーストラリア木曜島に出稼ぎにいったり移住した人たちのことを詳しく紹介している。作中の宮座鞍蔵老人にダイヴァーとしてのエネルギーの衝動がどこからきているかについて、「（略）あんな面白いことはなかった（略）はじめは欲だが、だんだん金銭から離れてゆく。（略）海底では、もう金銭もなにも念頭にない。何トン水揚げするかということだけやったな」と語らせている。

司馬遼太郎は、ダイヴァーの致死率が一〇パーセントもあったという危険な仕事だからこそ、逆にいうと金のためだけでは働かなかったと暗に語っている。「串本人の性《しょう》として（略）欲も得もなく面白さにか（懸）ける」とも書いている。

日本列島最南端の町で、押し寄せる黒潮を毎日見続けてきた人間が、地元の海で生きるのではなく、はるかオーストラリアまで渡海しようとしたのだ。木曜島を目指した男たちの心の奥底には、串本で暮らすよりさらに全身で海を感じることができそうだという思いがあったのではないか。

串本付近の地質と生活

白浜海岸の三段壁《さんだんぺき》は断崖がそそり立っていて、決して近づけない。周参見町のフェニックス褶曲《しゅうきょく》は地球が長い時間をかけて地層を力でねじ曲げてきた生々しい記録である。

南紀熊野ジオパークのガイドでもある串本の結城《ゆうき》力《つとむ》さんに案内されて見た海金剛《うみこんごう》もしかり。海底から持ち上がってきたとても硬い岩石に波が寄せては返し、叩いては崩してきた結果の海の巨大ダイヤモンドである。いずれも火山運動と造山運動、そして寄り付けないほどのエネルギーをもつ波濤が形作ってきた自然の造形であり、眺めることはできるが近寄れないのが南紀の海だ。

むろん串本一帯は黒潮に乗ってやってくるマグロやカツオはもとより、荒磯に住む真鯛、黒鯛やメジナ、ハマチなどまさに高級魚の豊かな漁礁だが、結城さんに「いまはあまり漁業の町の雰囲気はしませんね」と言ったところ、漁村の原風景がいちばん残っている荒船海岸に連れていってくれた。四、五軒だけの漁村で年老いた夫婦が収穫した海苔の処理作業をしていた。海岸にはなぜか伊勢海老の殻がたくさん落ちていた。

串本町有田に生まれ、もとは遠洋マグロ漁の会社に勤めていた結城さんは、串本の人間の体を切ると海水が流れ出るという。串本と海は切り離せない、漁業の町だからもう一度若い人たちが漁業で食べられるようにしたいとも語っていた。昔は海岸で魚を釣ったり貝を採りにいったりしたと、懐かしそうに思い出していた。

明治時代に話を戻そう。

寂れた漁村

串本をはじめとする南紀の町々は漁師町であり海の仕事もそれなりにあったのだろうが、トラックや列車で輸送することはできなかった。トラックそのものを日本の自動車メーカーが生産し始めたのが一九四五年（昭和二十年）の敗戦以降だし、日本国有鉄道（現ＪＲ西日本）の紀勢線が大阪―串本間に開通するのは五九年（昭和三十四年）だ。冷蔵冷凍技術も未発達だったから、獲れたての魚の鮮度を落とさず最大の市場である大阪に運ぶことは難しく、船のなかの水槽で運ぶしか方法はなかった。五九年の国鉄の開通まで串本から田辺の女学校へは船で通っていたぐらい不便な町である。串本の漁業は近隣の観光旅館や温泉地に売りにいく程度しか商売としては成り立たず、大きく稼げるものではなかったのだろう。

隣の古座川町は林業が成り立ったし、串本から北の町や村はそれなりに田畑もありミカンの栽培もできたのだが、串本は断崖が迫って十分な耕地がなく、潮岬や小高い場所では灌漑が困難だから細々と漁業で暮らすしかない。一攫千金の白蝶貝ダイバーを夢見たのは当然である。

ここで生を享けた紀州の男たちは、度外れた肝っ玉をもって太平洋の黒潮と向き合ってきたが、さらなる宝物をオーストラリアの海の底に見いだそうとして潜っていった。

虎吉木曜島へ

田嶋虎吉がダイバーになろうとしたのは、近郷近在から多くの人たちがオーストラリアに渡って百万長者として帰ってきたことの影響が大きかったにちがいない。潮岬の資料館の記録では一八八四年(明治十七年)に日本から六十七人が集団でオーストラリアに渡っているが、そのうち三十人が和歌山県人でほとんどが串本の人間である。虎吉がそのなかの一人であるのは間違いないと思われる。

和歌山からオーストラリアに行くには、まず神戸まで船で行って、そこから上海に渡り、香港やシンガポールなどに何度も寄港しながら辿り着く。荒波も台風も赤道直下の灼熱の太陽の下もくぐり抜けていったのだ。一八九六年(明治二十九年)になると日本郵船によって木曜島にも寄港するオーストラリア定期航路が開設され、それからずいぶん行き来は増えたようだが、虎吉の時代にはまだそれほどの船の便はない。渡航費も時間もたいへんかかっただろうし、八四年(明治十七年)の渡航者のなかに入っていなければ、そうたびたびオーストラリアへ行くチャンスがあったとは考えられない。そして大勢の人が帰国している記録が残っている八九年(明治二十二年)に田嶋虎吉も帰国したのだろう。

虎吉の帰国

紀州の男田嶋虎吉は、オーストラリア木曜島で約五年間働いてためた千五百円を持ち帰った。現代の貨幣価値に換算すると約四千五百万円から六千万円に相当する大金である。虎吉は五百円で現在の串本漁港近くに土地を買い店を作り、一八九三年（明治二十六年）にまんじゅう屋を開業した。命をかけてダイバーをしてきた虎吉が、なぜ他の商売ではなくまんじゅう屋を始めようとしたのか、そのことについての記録も記憶も言い伝えもないので定かではない。

虎吉が白蝶貝を採るためにオーストラリアに渡ったことはチャレンジ精神を感じさせる。日本人の着るものがようやく着物から洋服に変わり始め、貝でできたボタンも新しい時代の風を感じさせる象徴だっただろう。虎吉は危険を恐れずに新しいことにチャレンジする性格のようである。

虎吉自身にはまんじゅう職人の経験はなかったから、稼いだ千五百円のうち五百円を使って職人を雇った。当時はけっこういたという流れの職人を使って店を始めたようだ。流れ職人は、旅をしながら仕事場の片隅で人を見つけると、「親方さんでございますか。私は大阪で菓子職人として二十年修業してきたのですが、親方が病気で倒れましてやむなく仕事を探して流れております。私の腕を見てくださって気に入っていただけたら、雇ってもらえませんでしょうか」というように自己紹介がわりの仁義を切ったそうである。流れ職人には、大工、左官、瓦職人、杜氏《とじ》のように仕事がありそうな場所に流れていってそこで給金をもらって働く人たちや、板前や菓子職人のように自分の腕を磨くため武者修行をしながら流れる人もいたという。

儀平のごく初期は、流れの職人がどこかで覚えてきた飴とか巻き煎餅、何種類かの駄菓子を作り、やがてまんじゅうを製造するようになった。しかしなぜ、巨額の資金をもって始めたのが利益の薄そうな飴や煎餅を売るまんじゅう屋だったのかはわからない。想像の域を出ないが、木曜島での命がけの仕事は相当な体力を使ったはずであり、エネルギー補給のため、海底から浮き上がったときにサトウキビをかじったりしたのではないだろうか。虎吉はそのとき味わった糖分のありがたさを覚えていて、まんじゅう屋を始めようと考えたのかもしれない。

和歌山名物那智黒飴の那智黒総本舗の創業が一八七七年（明治十年）で、カンロ飴が一九一二年（大正元年）、黄金糖が二三年（大正十二年）の創業だから、飴業界はずいぶん歴史が古く、職人も多くいたのだろう。最初に雇った流れ職人が飴職人だったから飴作りから儀平はスタートした。その次が煎餅らしい。煎餅も全国各地でその土地特有の煎餅が焼かれているから、職人も多かっただろうし、ゴマを振ったりそら豆を入れたり、醤油をかけたり、海苔を巻いたり、半乾きで売ったり、瓦煎餅のようなとてつもなく大きな煎餅だったり、さまざまなものがあるから流れ職人を雇って新しい菓子を開発するのが面白かったのかもしれない。職人が変わるごとに別の菓子ができて、虎吉の店は少しずつ形を整えていった。

いまでこそまんじゅう屋は新しい商売ではないが、一八九三年（明治二十六年）であれば目新しい商売だっただろう。なによりも日本で砂糖が十分行き渡るようになったのは九五年（明治二十八年）に日清戦争に勝利し台湾から本格的に砂糖の供給が始まって以来と言ってもいいのだから、ようやくまんじゅう屋が成り立つ基盤ができたのである。

これは田嶋の家に代々備わっている進取の気性がなしえた業だと考えられる。虎吉は金のためだけではなく、当時面白そうな商売としてまんじゅう屋を選んだのだろう。

余談だが、稼いできた千五百円のうち、五百円は店の建築費用、五百円は職人の賃金に使ったが、残りの五百円は何かのためにと貯金しておいたのに、その銀行が倒産して、海の藻くずと消えたそうだ。

儀平のルーツ

虎吉が始めた儀平という店名の由来にもふれておかなければならない。串本では数代前の祖先の名前を屋号にしたり、その人が住んでいた場所を名前にする風習があり、儀平という屋号はそのときの当主の名前ではなく、何代かさかのぼった時代に存在した有名な人物の名前だと考えられる。儀平の先祖がどういう地位や立場にいて、どういう役割を果たしてきたか。そこから屋号のルーツが浮かび上がる。

結城力さんは町の議員をしているので、串本町の歴史やら町勢について図書館の前の陽だまりに腰かけて話を聞かせてもらうことができた。にこやかな笑顔の結城さんは、「これ以上のことは資料にあたりましょう」と図書館に入っていった。

串本町立図書館には『串本町史』を始め地元の資料がそろっていて、串本近辺では漁業権をめぐる争いや訴訟がたびたび起きていることが詳しく記されている。そこに大きなヒントがあった。

近隣の町は小さな町だからほとんどが知り合いでけんかなどしたくないのだけれど、潮岬一帯が特別良好な漁場であり、漁業権については漁業組合同士の争いもあれば、個々の漁師同士のもめごともあり「まぁええかぁ」とはいかなかったようだ。せり出した陸部である本州と荒波の押し寄せる潮岬とを結ぶ砂州の上にある町が串本で、いまは橋がかかって車で通れるが、かつては巡航船でしかいけなかった大島もあり、入り組んだ入り江や砂浜や岩礁など多種多様な地形であるために漁業権も複雑になっている。

さらに、黒潮に乗って浜に近づく鯨を捕るという大掛かりで特別な漁も江戸時代からあったために、漁業権争いはたびたび記録に残されている。争いの原因から結果までもめごとの詳細が書き記されていて、大きなもめごとは関係した庄屋や網元の名前もこと細かに記されている。『串本町史』「第二編人文誌、第七章産業、第八節漁業二」に串本浦対有田浦網代争いの記述があり、儀平の祖先のことが書いてある。

右に関しては現在田嶋俊平（岡家）の過去帳にも記載されている。同家祖先塚越宗左衛門が本事件に関し串本浦総代として和歌山に出張対決実に六十余日に及んだという。爾来境界が分明となりいまに漁業上甚大の利益を受けていることもまったくその尽力の賜というべきである。後世其功績を記念せんが為五輪ケ谷の南丘祇園神社の傍らに碑を立てゝ今も祭祀しつゝあるのも是が為である。

ここにあるように田嶋俊平の祖先が塚越宗左衛門であり、のちに田嶋姓に変わった。それが儀平の祖先にあたり、その宗左衛門が争いについて功績があったというのである。苗字を変えたいきさつも別のところに記録がある。『串本町史』「第二編人文誌　第十六章旧家並びに人物　第三節人物一、塚越宗左衛門の項」である。

宗左衛門が和歌山に上訴した砌、役人の中に塚越姓を名のるものがあって大に差し支へた為め改姓して始めて「田島」と名のったものだといふ。〔ここでは田嶋ではなく田島になっている：引用者注〕

現在儀平の三代目を継いでいる堀本京子が祖父や周辺から聞いて断片的に覚えている話はこうだ。

串本には浜の医者と丘の医者があった。
潮岬と串本の領海争いをした。
田嶋が勝った。
祇園山《ぎおんさん》に祀ってもらった。
そのときの分かれの三代目が平六。
もう一つ分かれの三代目が儀平。
栄えた家の尻尾のほうだからうちは名家とかそんなんじゃない。
たいしたものではない。

この話と古文書をもとにつづられた『串本町史』をすり合わせると、全貌が明らかになってきた。

塚越宗左衛門→→○○○→→○○○→→田嶋平六

＊宗左衛門が丘の医者である。のちに田嶋姓となる。

＊寛文七年（一六六七年）の古文書に名前が見える。

＊田嶋平六は弘化四年（一八四七年）に名前が見える。

＊この間百八十年もあるので、三代後ではなく四代か五代後の可能性もある。

＊田嶋平六→→○○○→→○○○→→田嶋儀平→→田嶋虎吉→→田嶋儀助→→田嶋京子（結婚して堀本姓になった）。

＊虎吉が儀平の名前で店をもったのだろう。

＊家系図としてはこうなる。

儀平──虎吉─┬─ハルエ
　　　　　　├─儀一郎
　　　　　　├─エイ
　　　　　　├─オクラ
　　　　　　├─まん
　　　　　　├─儀助
　　　　　　└─志げの

＊浜の医者、丘の医者というのは訴訟の代理や代筆を医者がしたとも考えられる。

虎吉のその後

それからあとのことをざっと見ておくとこんな感じになる。

虎吉は流れ職人を使ってまんじゅう屋をやっていたが、後を継がせた次男の儀助は大正に入って和歌山の菓子屋に修業に出た。一緒に修業している仲間たちと、その店で少し形が崩れていたり蒸し上げ具合が悪かったりした、いわゆるB級品をいろいろ食べてまんじゅうの味を懸命に覚えた。自分の舌で覚えるほど確かなことはない。和歌山で何年か修業してから串本に帰り、虎吉のもとで働き始めると儀助はしょっちゅう虎吉と衝突することになった。

創業者の虎吉は明治半ばの時代に、生きていくために必死で金を稼ごうと命がけでダイバーをやった男だ。十分な田んぼも畑もなく山もなく、魚を取っても売りにいく輸送手段がない串本で金を得ることがどれほどたいへんなことかを骨身に染みて知っている。周りで何人もの仲間が白蝶貝の採取のためにもがき苦しみながら命を落としたのを見てきている。海底で窒息して急浮上して死んだ者、意識を失ったまま絶命した男。鮫に襲われて食いちぎられて死んだ者もいた。言葉どおり命と引き換えに金を稼いで、それを資金に店を開いたからこそ、虎吉は金を惜しむ。金を大事と思う。ケチとか欲が深いということではない。お金がどれほど大事なものかを知り尽くしているからこその金銭感覚なのだ。

2 「あもないまんじゅっは、あってもええんちゃうこ！」

菓子職人儀助の工夫

虎吉が始めたまんじゅう屋儀平の二代目を継いだのは、一八九八年（明治三十一年）生まれの次男田嶋儀助である。

虎吉は、まんじゅうを作るとき皮を厚くしてあんを少なくすればそれだけ歩留まりがいい、つまり原価を低く抑えることができて利益が多くなると言って譲らない。しかし儀助は、和歌山市での修業でおいしいまんじゅうとはどういうものかを知ってしまった。

まんじゅうの世界に「割り」という言葉がある。同割りといえばあんこと砂糖を同量ずつ入れて炊くから、甘さが強くなって味は濃い。かつてはそれが上等のまんじゅうの砂糖の量の基準だった。割りを抑えるといえば砂糖の分量を減らすことで、旨味は落ちるが利幅は大きくなる。最近は甘さ控えめが価値基準の最上位になってしまっているから、同割りでは甘すぎるといわれて人気がない。

だが、そもそも砂糖は菓子を甘くするためだけにあるのではない。砂糖の種類と分量の比率によって味が違ってくる。砂糖を入れるタイミングもさらした小豆あんと一緒に入れて炊くほか、砂糖をいったん湯で溶かし蜜にしてから何回かに分けて入れる方法とかさまざまである。小豆と炊き合わせることで、小豆のうまさを生かしもするし殺しもする。特に小豆からこしあんを作るときには途中で灰《あ》汁《く》を何度捨てるか、火加減をどうするかによって仕上がりの色と香りが違ってくる。

あんこはそのまんじゅう屋の生命線であり、小豆と砂糖をどのように炊き合わせるかが、あんこ作り職人それぞれの秘伝である。こういうことは企業秘密とか職人の技とかというレベルの話ではなく、他店や他の者がまねをしようとしてもできない。絵や歌や踊りや、場合によっては野球の超一流投手や超一流打者のまねができないのと同じことで、職人に固有の振動や波長があってのあんこなのだ。そして、砂糖は旨味を形成するいちばん大切な原材料なのだ。

味よりも金、金よりも味。親子げんかの末に田嶋儀助は自分が納得できる砂糖の配合についての主張を通した。そして次々に新しくておいしいまんじゅうを開発していく。日清戦争後の日本は台湾からの砂糖の輸入を大幅に増やすことにより、値段も下がったから甘いまんじゅうを安く作れるようにもなった。

戦中戦後の儀平

儀平は長い戦争の間も店を開けていた。砂糖や小麦などの原材料はもちろんのこと、燃料である薪なども配給制で足りなくなった。パン屋さんと五、六軒で一緒になって原材料を共同購入したが、多くは作れない。まんじゅうは生活必需品ではないのだから仕方がなかった。

戦後、人々の生活が少しずつもとに戻ってからの商売はどうだったのか。一九五五年（昭和三十年）までの日本は服の継ぎはぎは当たり前、子どもの履物はぞうりかゴム靴、やがてズック靴。ライスカレーは小麦粉を炒って作る。土の道路には荷物を運ぶ馬車の馬糞が落ちていた。娯楽は紙芝居からラジオを経て映画館。

そんな時代を経験してまんじゅう屋儀平がようやく本格的に立ち行くようになったのは、戦後もある程度時間がたってからのことである。

甘くないまんじゅうとは

四六時中おいしいまんじゅう作りを考えていた儀助がふと思い付いたことがある。「甘くないまんじゅうがあってもいいじゃないか」ということだ。串本の言葉に直すと、「あもないまんじゅっは、あってもええんちゃうこ！」となる。

そもそもこの発想はどこから出てきたのか。儀助が考えた甘くないまんじゅうとは、具体的にどういうものなのか。何を工夫し、どのように改良して甘くないまんじゅうにたどり着いたのか。職人さんを雇うようになったのは、一九六〇年前後（昭和三十年代）のことだから、甘すぎないまんじゅうと格闘したのは儀助一人のはずである。たった一人、工場を手伝っていた儀助の妻であるきぬゑがどんな思いで夫のすることを見ていたのかも、伝えられていない。この謎を知るものは誰もいない。

工夫が実らず、納得いくまんじゅうができずにずいぶん捨てたことが伝わっている。海に捨てたというのだが、どこへどのくらいの量を何度くらい捨てたのかを直接聞いた者はいない。気に入らなければ捨てざるをえないとはいうものの、職人が出来上がった品物を捨てるぐらい悔しいことはない。いったい何が気に入らなくて捨てたのか。

材料も手間もかかっていて、今度こそいいものができるはずと思ったものがうまくいかず、また捨てなければならない。一人で作って食べてみて、まだ違うまだ違うと言っては捨て、また作っては捨てての繰り返し。捨てるのにも勇気がいっただろう。

永遠の謎である。

砂糖を減らせば当然甘くなくなる。そして、それはおいしさに背を向けることになる。コクがなくなる。あんこの風味や味を損なう。シャビシャビになるといえばいいだろうか。だから「甘くないまんじゅう」はすぐには理解されなかった。きぬゑは、親戚さえも「古座の紅葉やのほうがおいしい」と言って買ってくれなかったと嘆いていたという。町のみんなや観光客から、甘くなくてもおいしいまんじゅうとして儀平のうすかわ饅頭が認知してもらえるようになったのはようやく一九五二、五三年（昭和二十七、八年）のことで、少しずつ少しずつ売れ行きが伸び始めた。人気商品になったのはお客の口コミのおかげだった。

儀助は八十七歳で寿命を全うするまで、毎日工場に立ち続け、もっとおいしいものができないだろうかと考え、工夫し、チャレンジしてきたのだ。自分の舌に合わないものは売らない、残さない、捨てる。一流職人のなかの飛び切りの職人ではないか。

変人儀助の面目

儀平二代目の田嶋儀助はどういう人だったのか。

職人気質という言葉はよく使われる。頑固で融通が利かず、他人の言うことには耳を傾けない。そして、自分の信じる道は、誰になんと言われようと、難癖をつけられようと揶揄されようと、まっすぐ前だけを見て進む者の謂である。儀助は典型的な職人だった。

一般的にいえば変人と言ってもいいぐらい気難しい人物で、こんなこともあった。オーダーメードでワイシャツを作るのに、ちゃんと採寸して仕立てたのだが、着てみたら「どうにも気に入らない」とハサミでチョキチョキ切ってしまった。気に入らないから着ずにタンスにしまっておくのは常人だが、ダメなものは使わない、使わないのだから残す必要はない、残さないのだから未練なく切って捨ててしまうという。偏屈というしかない。

職人は自分にこだわるが、超一流の職人は自分にこだわらない。

職人は過去を重んじるが、超一流の職人は未来を大事にする。

変人の部類に属する儀助だが、同時に風流人でもあった。『歌文集浜そだち』（儀平菓子店、一九七七年）という短歌と詩文を集めた本を出している。

下浦は　海よりの陽を　上浦は
海に沈む陽を　わが串本は

砂州の上にできた串本町の東の浜である下浦では朝陽を拝み、西の浜上浦では夕陽を眺めるというスケールの大きな歌を作っていて、いまも、和菓子の包装紙に自筆で書いたこの歌を残している。

さらに、どこでどうやって知り合ったのかわからないのだが、吉井勇に和歌を作ってもらっている。

吉井勇との出会い

吉井勇の作品でいちばん有名なのは「ゴンドラの唄」(松井須磨子、一九一五年〔大正四年〕)である。

いのち短し　恋せよ乙女
あかき唇　あせぬ間に
熱き血潮の　冷えぬ間に
明日の月日は　ないものを

その吉井勇が儀平のためにも歌を作ってくれた。

君知るや　紀伊の銘菓の　浜そだち　味ほのぼのと　夢のごときを

吉井勇は一八八六年(明治十九年)に華族の家に生まれて、父は海軍軍人。早稲田大学中退後に歌人、脚本家として活動し、北原白秋を始めとする歌人・詩人以外にも、森鷗外や谷崎潤一郎ら文学者とも広く親交があった。妻徳子が不良華族事件を起こしたのを契機に離婚し、高知県の山中に隠棲した。再婚後は京都に住んだ。その後、一九六〇年(昭和三十五年)に亡くなるまで全国各地へ吟行したり講演に出かけたりしているのだが、儀助とはどこで知り合ったのか残念ながらわからない。

かにかくに　祇園は恋し　寝《ぬ》るときも　枕の下を　水のながるる

吉井が京都の祇園で残した艶っぽい歌の代表作だ。

奇人ともいえる儀助が耽美派の歌人吉井勇から歌をもらったのが、まんじゅうを手土産にして何らかの挨拶に祇園へ行ったときかもしれないと仮定すると、儀助の人間の大きさが想像できて楽しくなる。とかくまんじゅう作り一辺倒の堅物職人とも思えるが、調べるほどに一介の職人にはおさまらず、得体の知れぬ傑物のようにも思えてくる。

長沢芦雪の芦雪最中

儀助がうすかわ饅頭とともに自信をもって世に問うた芦雪《ろせつ》最中という絶品最中がある。この最中の味は儀助の舌が完成させたものではあるが、これを世に出してくれた三人の大人《たいじん》を紹介しなければならない。

事の起こりは和歌山県串本にある臨済宗の古刹無量《むりょう》寺《じ》にある。この寺の襖絵は、円山応挙の高弟である長沢芦雪が描いたものだ。

応挙が天明六年（一七八六年）に無量寺の住職から襖絵の揮毫《きごう》を頼まれたのだが、高齢の応挙の名代として芦雪が串本に出向き十カ月の間、無量寺に滞在して見事な襖絵を製作した。時を経ること百五十有余年、一九五〇年代後半（昭和三十年前後）から地元で、この襖絵がたいへん優れたものであることが再認識され、無量寺では地元の協力を得て一九六一年（昭和三十六年）に串本応挙芦雪館を建設して収蔵した。

なかでも特筆すべきは、国指定の重要文化財になった「虎図《とらず》」である。この襖絵虎図には、五分、十分、十五分と見ていても、飽きないどころか見れば見るほどこちらに語りかけてくる何かがある。四枚の襖一面に大書されているのだから迫力があるのはもちろんだが、狩野派の絵師が描く虎のように猛々しさとか恐さがまったくない。一言でいうなら、愛嬌がある。まるで目の前に飛んできたバッタを両方の前足で捕まえて遊んでいる子どもの虎のように見えてしまう。邪気のなさがうれしい。獣らしくないのがかわいい。胴の細さや尻尾の長さのアンバランスさが、アニメに登場する動物のようにも感じられる。

長谷川等伯が描くかわいい猿は猿本来のかわいさだが、芦雪の虎は虎であって虎ではない、どこかに幼さと純粋さが入り交じっているゆえのかわいさだといえる。

この虎図を描いた長沢芦雪の落款は周りを線で囲んだ魚という字だが、その囲みの右隅が少し欠けている。それは氷のなかに閉じ込められていた魚が、太陽の暖かさで氷が溶け始め、そこからいまにも飛び出そうとしているのを表した図案である。落款といい虎図といい、芦雪の心の中に流れるものは優しさだろう。

長沢芦雪は無量寺滞在後も数多くの作品を後世に残し、重要文化財に指定されている作品も多い。儀平の最中種《もなかだね》（最中の皮を種《たね》という）はこの落款をモチーフにデザインされている。

芦雪最中の生みの親こそ誰あろう長沢芦雪その人であり、芦雪の画風の優しくもあり無垢なことが儀平の菓子の底辺に流れる情景なのかもしれない。甘いのに甘くない菓子のコンセプトや情感を下文えしているのが芦雪の虎図のように思えるのだ。

湊素堂《みなとそどう》老師と芦雪最中

二人目に挙げるべき重要な大人は無量寺住職湊素堂老師。老師はのちに鎌倉建長寺、京都建仁寺の管長を務められる高僧だが、鎌倉へ行く前、一九五五年（昭和三十年）から六一年まで六年間無量寺住職を務めた。

湊素堂老師が遷化《せんげ》（死亡）したときに、建仁寺管長小堀泰巖《たいがん》師はこう書いた。

> 昭和三十年串本無量寺に住山。檀信徒から「串本天皇」と評されるほどに闊達自在の随處説法をされ串本に無くてはならぬ人となりました。師の生前無量寺和尚が「五十年たった今でも日に一度は老師の話題が出ますよ」と申されておりました。

儀平二代目の田嶋儀助は素堂老師に芦雪の落款をデザインとして使いたい旨を願い出て、芦雪最中を作らせてもらうことになった。儀平はお寺に相応のお礼をし、芦雪の落款を最中種に、包装紙には虎図を使わせてもらうことができた。

矢倉甚兵衛《やぐらじんべえ》さんと芦雪最中

芦雪最中誕生の三人目の大人は、串本で代々続く林業家であり、無量寺の檀家総代でもある矢倉甚兵衛さんだ。甚兵衛さんは儀助に「鶴屋八幡さん（元禄時代から三百年続く大阪の老舗）には百楽みたいな高級な最中があるんやから、儀平さんもこれで最中を作られたらどうですか！」と提案し、お寺との橋渡しをしてくれた。

串本儀平

素堂老師のあとにきた無量寺の住職が画家でもあったので、落款の使用について、「ああいうものには印税がいる」と言いだしたが、甚兵衛さんはその話を、「そいうことは、まぁなんですから……」と話を丸く収めてくれたともいう。

儀平初代の田嶋虎吉の名前にも虎。その虎吉も、子どものころに無量寺の虎図を見たことがあるかもしれない。オーストラリア木曜島の海底に潜って命がけで白蝶貝を採取し、それで稼いだ金でまんじゅう屋を開業したのだが、思えばその思い付きは厳しくも大胆である半面、結果的に開業したのは甘さが売り物のまんじゅう屋なのだから、どこかしら「虎図」の虎に似て、かわいげがある人生だといえるのではないか。

そして、一九八六年（昭和六十一年）八十八歳で亡くなった二代目儀助が商品のほとんどを作った。芦雪最中は儀助が湊素堂老師や矢倉甚兵衛さんの力添えで完成させた。

3　攻める三代目堀本京子が北鎌倉へ

三代目

攻める田嶋一族は初代虎吉から二代目儀助へバトンをつなぎ、一九七九年に儀助の七人の子どものなかの末っ子・京子が社長になった。

思い起こせば、儀平三代目京子社長の身体にはダイバーとして命がけで海底の白蝶貝を採った祖父虎吉の血が脈々と流れている。怖くても危なくても潜る。ただ貝を採るために潜る。他人に負けるのが好きではない。巨大な利益を得るのはイギリスの貝ボタンの会社であることもわかっている。わかっているが、イギリスなんか遠い国だ。自分は目の前の貝を採ることに命を賭ける。そして金を稼ぐ。祖父はそういう海の男で、その遺伝子を継いでいる。

京子は串本生まれで、女六人、男一人のきょうだいの末っ子。ずっと串本で暮らしてきた。高校を卒業したあと、東京の女子短大に入った。一九〇七年（明治四十年）生まれの儀助が四十歳のときの子どもだから、かわいくてかわいくて仕方なかった。しかられた記憶はなく、子どものときから大人を相手にしても言いたいことをはっきり言う性格だったから、周りの大人は大喜びで笑っていて、父はかえってそれがうれしかったようだ。

兄がいたが、後継ぎにはならなかった。儀助は兄をまんじゅう屋の子として育てたかったが、周囲に船に乗って海で働くのは楽しいぞとけしかける人がいっぱいいて、兄をその気にさせてしまった。そのうえ、祖父の虎吉が「お前が鳥羽の商船学校を出て金モールの制服着て帰ったら、船一艘こしらえてやる」と輪をかけてそそのかしたので、まんじゅう屋を継ごうとしなかった。兄は横浜専門学校、いまの神奈川大学へ入ったが、戦争が激しくなって食糧難でやむをえず地元に戻ってきて和歌山経済専門学校、現在の和歌山大学に入り直した。卒業後、隣町の古座で商業簿記の先生に欠員が出たので、教員になった。

後を継いでくれる者がなくて困った父親は、東京の短大にいっていた京子が卒業すると串本へ呼び戻し、店を手伝わせた。店の前で喫茶店もやっていたので両方を手伝っているうち、家から出るに出られずまんじゅう屋を継ぐことになった。結婚した相手は県庁の職員から県会議員になった人で、和歌山市内に住んでいたから、京子は串本の店と自宅との往復を余儀なくされた。

母は工場の仕事を手伝っていたが、京子はまったく関与しなかった。

菓子は作れないから口を出してきた。口出しといっても味は父が完成させているから何もいうことはないし、あん炊きは一から十まで職人が守ってきたとおりの方法でやっている。あんは儀平の命であり魂であり、すべての根本だから、そのまま守り続けている。

三代目社長京子の決断

しかし、その不文律を京子が大胆にも破ったことがある。

京子のいとこが「暮らしの手帖」（暮らしの手帖社）を見て、大阪のロイヤルホテルでケーキ作りの講習会をやるから行ってみると参考になるかもしれないと連絡をしてくれた。一九八〇年、八一年（昭和五十五、六年）ごろのことだから、串本から大阪まで夜行列車で、六、七時間かかった。

京子が講習会に参加して驚いたのは、使う砂糖のことだった。和菓子屋が使う砂糖はふつう上白糖だが、ロイヤルホテルのケーキの講習会では、全部グラニュー糖を使っていた。講師の先生は「上白糖とグラニュー糖では、糖度は同じでも、甘さの質が違う」という。

京子がグラニュー糖を使ったケーキを食べると、舌の上やのどを通るときに青空に浮かんだひとひらの雲のようにスーッと溶けていき、甘さはしとやかで朝陽に消える霜柱のようなはかなさを感じた。

グラニュー糖を使えば何かが変わると思った京子は、大阪から帰った翌日から、大胆にもあんこを炊く砂糖をそれまで使っていた上白糖から全部グラニュー糖に変えた。もちろんコストは上がるが、原価計算をしてみるとそれぐらいは吸収できるし、しなきゃいけないと思ってやってしまった。

京子の父田嶋儀助は、「あもないまんじゅっは、あってもええんちゃうこ！」という思いを抱いて、何度も失敗を繰り返し、さまざまな工夫を重ねて日本でいちばんおいしい儀平のうすかわ饅頭を作り上げたが、そのおいしさに磨きをかけたのは、砂糖を上白糖からグラニュー糖に変えて甘味のしなやかさを引き出した京子の決断の結果にほかならない。

このことで父が考えていた、これまでと一味違うまんじゅうを作ろうという思いはいっそう確かなものになった。コストアップはまんじゅうの味にやさしさと柔らかさをもたらし、客の評判が「甘いがおいしい！」に代わって、じわじわ広がっていった。それがいつか評判になり、売り上げにも利益にもはね返ってきた。

「父とはしょっちゅうけんかしてきました」と京子は笑いながら父を懐かしむように言うのだが、儀平の歴史は、代々、けんかという名前の製品作りの工夫と経営方針の軌道修正によって確かなものになってきている。先代を引き継ぎながら先代を超えていくのは、堀本京子の凛とした経営方針である。

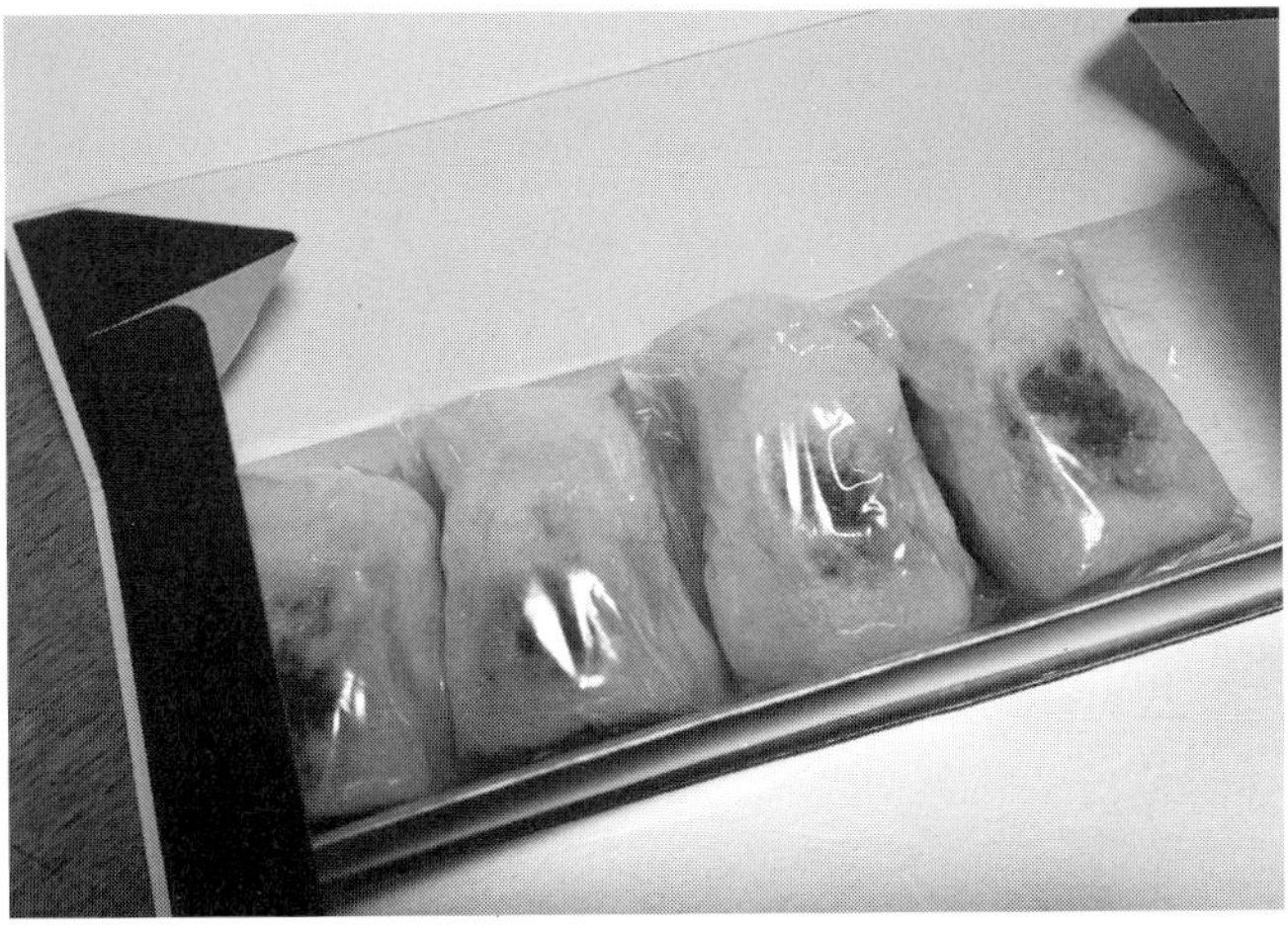
儀平うすかわ饅頭

機械化の進め方

ほかのことでは何も口を出すことはないはずだが、工場の段取りの悪さには口を出した。職人はいやがったが、機械が好きな新社長は儀助がやっていたときよりずいぶん機械化した。

「だって機械ってかわいいじゃないですか。お手玉か編み物でもするように、おなじ間隔でおんなじ動作を繰り返すでしょ。効率をよくするために機械化するのですけど、とにかく機械そのものが好きなんです。一つひとつがいろんな小さな音を立てながら、自分のお仕事をニコニコ笑いながらやっているでしょ。昔の柱時計とか機織り機とかね、ああいうのが好きなんです。機械だけど冷たい鉄の塊じゃない、まぁ気の利いた助手というかアシスタントというかそんな感じなんです。小学校のときに産業革命のことを習いましてね、ああ機械ってすごいなぁって思った記憶があります」

子どものころから機械が好きだった京子社長は、生産工程の機械化は父儀助から店を任されていく過程で何度も何度も父と衝突しながら進めてきた。職人は、自分たちの仕事が荒らされるのを恐れて反発した。しかし、父自身が職人そのものだったから、父とやりあったときの父の発言をうまく利用して、「お父さんがこう言っていた」と説得した。

北鎌倉儀平

京子は二〇一四年に、本拠地である和歌山県串本の店を甥の丸山正雄工場長に任せて鎌倉に新店舗を構えた。横須賀線に乗って横浜・大船方面からくると大船の次が北鎌倉で、その次は鎌倉である。長いプラットホームの後ろのほうから改札口に向かって歩いていると、左側に土蔵の趣がある北鎌倉儀平が見えてくる。

ここで製造販売とカフェを営んでいる。北鎌倉には円覚寺《えんがくじ》、東慶寺《とうけいじ》、浄智寺《じょうちじ》、明月院《めいげついん》と観光客がひっきりなしに訪れる人気のお寺が集中している。店は白壁の土蔵造りであたりの風景に溶け込んでいる。フラッと店に入ってくるお客のなかにはここがまんじゅう屋であることを知らない人もいて、「ここにはケーキはないの？　おまんじゅうと最中だけ？　コーヒーってふつうはケーキでしょ」と不思議がるが、「うちはおまんじゅうに合うコーヒーをいれていますので、お試しになってください」とにこやかに答えるだけ。

お客は、そうなのかなといぶかりながらうすかわ饅頭を食べ、コーヒーを飲み、帰り際には、「コーヒーにとてもよく合ったわぁ。すばらしいです。こんなおいしいおまんじゅう、食べたことがないです」とうれしい感想を返してくれる。

鎌倉のお客にうすかわ饅頭がそれほど評価してもらえるとは夢にも思っていなかったという。串本では当たり前に買ってもらっているうすかわ饅頭を鎌倉でも受け入れてもらえるだろうかという不安もあったが、鎌倉へ出てきたおかげでいっぺんに知名度も上がったし、地元のセレブの御用達になってきて、栗が三つ入って一個六百五十円する少々高い栗饅頭もよく買ってもらえるという。おまんじゅうの単価が上がらないなかで思い切った価格設定である。おいしいお菓子を作り続けてきた自信は攻めの姿勢を崩さない。

北鎌倉出店のいきさつ

北鎌倉に店を出そうと思ったのは、京子の思い付きではなく父儀助の夢だった。

先述の湊素堂老師は串本の無量寺に六年ほどいて、その後、建長寺の管長を一九六一年（昭和三十六年）から八〇年（昭和五十五年）までの十八年間務めた。儀助は素堂老師に挨拶するために建長寺を訪れたことがあり、それから鎌倉でも売りたいと言い始めた。八〇年（昭和五十五年）に思い付いたとしても、二〇一四年に北鎌倉店が実現するのにざっと三十五年ほどかかったことになる。

儀助が八十八歳で亡くなったのが一九八六年（昭和六十一年）である。京子は、「父の代ではできなかったので、私が叶えさせて……もらったというか、……そういうことなんです。親孝行だか親不孝だかわかりませんねぇ」とつぶやいた。

北条最中

堀本京子社長の攻めの姿勢はほかにもある。

北鎌倉の儀平には、北条最中というほんの少し舌触りが違うがやはり飛び抜けておいしい最中がある。芦雪最中とは種が違う。北条最中のプランができたときに、北条家の家紋である三つ鱗をデザインしたものを和歌山の田辺の種やで焼いてもらおうと頼んだが、「代替わりしたから焼けない」という。七十代から三十代くらいに代替わりするのかと思いきや、九十代から六十代に代わったから、いまさら新しい注文は受けられないというのだ。そのため北条最中の種は別のところで焼いている。

北条最中という名称について建長寺の宗務総長が、「ミツウロコ最中、鎌倉最中という名前はあったが、北条という名前を正面切って堂々と使われたのは初めてですよ。参った参った!!」といったが、「よそからきた者なので、すみません、知りませんでした」と頭を下げておしまいになった。

こんな話にも、長沢芦雪が描く虎の子どものいたずらっぽい様子が見え隠れするのだ。

それにしても、和歌山県串本のまんじゅう屋が北鎌倉に店をもつのは想像の域を超えている。

儀平のうすかわ饅頭日本一

鎌倉に店を出してしばらくしたときの話だ。

鎌倉のパークホテルで建長寺の大きな催しがあり、宗務総長から誘いがあってパーティーに出たのだが、そこに建長寺の管長と京都の建仁寺の管長がいたので挨拶にいくと、建長寺の管長が建仁寺の管長に、「この人のお店儀平のまんじゅうはとてもおいしいですよ」と褒めてくれた。

問題はその次だ。建仁寺の管長は、「たいしたことない、関西ではこういう味は当たり前だから」と京子のいるところで言ったのだ。

京子は笑い転げながらも、心の中では「チキショーいまに……」と思った。攻めの京子社長はこういうことがあるとメラメラ燃える。そして、これまでに会った人たちのことを思い出した。

亡くなった地産グループの総帥の竹井博友《ひろとも》会長が串本に来たとき、儀平のうすかわ饅頭、福島県郡山柏屋の薄皮饅頭、岡山の大手饅頭の三つが日本でいちばんおいしいまんじゅうだと太鼓判を押してくれた。「儀平は機動力があるからもっと伸びる」とも言ってもらったことを思い出した。また、森永とグリコの特約店をしていた時代があり、そのころ森永の社長だった森永太平《たへい》さんが得意先回りで店に来たときの写真が残っている。立派な白い髭をはやしていて、一緒に写っている犬まで背筋を伸ばしてきちっと正面を向いていた。森永の社長、地産の会長、建長寺の管長など昭和の時代に名を残した多くの人々から京子は少なからず影響を受けている。小柄で少し華奢な印象もあるが、豊かな人脈や幅広い付き合いが京子の凛とした姿に反映しているのだろう。

色と形と味と三つそろっている儀平のうすかわ饅頭はうすかわ饅頭界のチャンピオンだろう。このこしあんの薄紫色はほかのまんじゅうのあんこと比べようがない。

京子社長は、『日本まんじゅう紀行』（青弓社、二〇一七年）で「儀平のうすかわ饅頭のあんこは舌先での溶け具合が芸術的です。前夜に降った初雪が朝の光で湯気になって消えるようにはかなく溶けます。（略）珊瑚礁の浜の白い砂のように、さらさらさらさらと舌でも味蕾でものどでもあんこと同時に甘さも溶けてしまうのです」って書いていただいたのを姪がとても喜んでいました」という。

多くのまんじゅう屋は粒あんは自家製でこしあんは製あん所から買っているのが普通だが、儀平はあんこをすべて自家製餡している。ゆでた小豆の皮をむいて細かい目のざるでこす作業の繰り返し。不思議なのは原材料は小豆と砂糖、これ以外ないのに炊き上がるとどうしてこんなに違うというぐらい千差万別である。

現在、日本各地のまんじゅうのなかで人気が高いのは、福島県郡山の柏屋薄皮饅頭、岡山市の大手まんじゅう、東京の塩瀬総本家のしほせ饅頭、それに並ぶのが愛媛県西予市の山田屋まんじゅうだろう。これらのまんじゅうに共通するのは全国の多くの百貨店に店を出していることである。儀平のうすかわ饅頭は関東で知名度が低く、こういうランキングには入っていない。

京子がとった行動が面白い。「儀平のうすかわ饅頭日本一」と書初めで子どもに書かせ、それを工場に掲げて自分たちの気持ちを盛り上げようと考え、書道の先生に手本を書いてもらった。大きな紙に「儀平のうすかわ饅頭日本一」と書いたものが三枚届いた。それをどんなふうに表装しようか、地元の表具屋に頼むのは恥ずかしいし、自分がそう思っていると思われるのも何か変だしと悩みながら、手本を眺めながら日本一を目指すことを目標にしたのだ。

三代目京子の新製品

儀平で販売している和菓子のほとんどは儀助が作ったものだが、京子が先頭になって開発した商品がある。

東京での実演販売の帰りに黄金芋が有名な人形町の壽堂《ことぶきどう》へ寄った。壽堂はいまでも販売する人が座ってお客の相手をする座売り形式の店で、そのときは女将が座っていた。同行した職人が、「ここにどうして穴を開けてあるのですか?」とか「焼き方はどうするのですか?」とか、あれやこれやしつこく聞いたが、女将は「アナタ職人さんなの? しっかり勉強してくださいね。このままで焼くとね、ぽとぽと落ちてたいへんだから、下に置いて焼くのですよ」とかていねいに教えてくれた。

京子はそのとき学んだことを参考にさせてもらい、「芋いも」という菓子を作った。壽堂のは白インゲンと鶏卵でできていて、色はうこんで着色しているが、儀平では地元名産の芋を使っている。串本町は上野《うわの》と呼ばれる潮岬の高台の畑が水はけがよく甘くてとてもおいしいサツマイモができるので、その芋を材料として開発したのだ。

これからどうする

京子社長は現在北鎌倉の儀平にいるが、本店は串本にある。甥っ子に四代目を継いでもらう方向性は決まっているが、将来のことをどう考えているのだろうか。

新規店舗については、「もう、もう、もう、もうけっこうです。資金がたいへんですし、人がたいへんです。大きくすると苦が多すぎます。いちばんすばらしいのは、二人でやれる店が理想です。父と母が二人でやっていたのを覚えていますが、私が少し大きくしすぎたかもしれません」としみじみ語る。

儀平菓舗は一八九三年（明治二十六年）からまんじゅう作りを続けてきた。祖父虎吉はアラフラ海の底に潜って命がけで開業資金を稼いだ。父儀助は自分の理想のまんじゅうができないからと、まるで海を憎むかのようにまんじゅうを捨てた。父はダメなものは捨てなければならないと海に吠えていたのだろう。

京子は、儀平のうすかわ饅頭が日本一だと考えている。

日本一とはどういうことなのだろう。日本一であるために必要なことは、売上高でも店舗数でもない。うすかわ饅頭を食べるお客の日本一幸せそうな顔を見ることかもしれない。北鎌倉の店をカフェにしたのは、そんな意図があったのだろうか。その場でリアクションがわかるのだから、これほど的確な指標はない。近頃、店でお客に食べさせる和菓子屋さんがずいぶん増えているが、店主自らがお客と向き合っている店は見たことがない。

味は歯と舌とのどで感じる。おいしさを実感するのは胃ではない。そしておいしいということを言い表すのは「おいしい」という言葉であり、それしかないのだが、実はおいしさは食べている人の顔に出る。幸福感。納得の表情。気持ちのよさ。それらをすべてまとめてのほほ笑み。京子社長はそれを見たいのだ。

4　日本一へのスタート

二代目儀助の孫

いまは、まさやんが儀平の串本店を取り仕切っている。横浜生まれ横浜育ちの丸山正雄だが、二十数年間串本に暮らしているうち、周りからはまさやんとか丸ちゃんとかすっかり地元民ふうに呼ばれている。

横浜で育ったとはいうものの、丸山の父も母も串本の生まれで高校の同級生。母の父親は儀助じいちゃんなのだから、彼が串本に根を下ろしたのは故郷に帰ってきたようなものである。

丸山は儀助じいちゃんが大好きだった。優しかったし、いつもいいものをくれた。どこかへ行ったときに買っておいた土産なんだろうが、丸山が気に入るようなものをくれた。うーんと小さながま口をもらったのがとても気に入って、いまでも持っている。

夏休みになると、串本から少し離れた和深《わぶか》という地区にある父親の実家に遊びにきた。父の兄であるおじさんは学校の先生だったから、毎日よく遊んでくれた。おじさんは海に泳ぎに連れていってくれたし、和深の磯のことはなんでも知っていたから楽しかった。

儀助じいちゃんとおばあちゃんは儀平の桟橋店に住んでいて、そこに泊まることもあったが、住居と工場が同じ場所なので入るとうすかわ饅頭のいい匂いが漂っていた。じいちゃんが仕事をしているのを見ていた記憶もある。儀助は八十歳を過ぎても工場でまんじゅうを作っていて、丸山が九歳のときに八十八歳で亡くなっているので、その記憶はたぶん五歳とか六歳のころだろう。儀助は、まさかあの正雄君が後継ぎになるとは思っていなかったにちがいない。

うすかわ饅頭育ち

丸山の横浜の自宅の冷蔵庫にはいつも儀平のうすかわ饅頭が入っていて、扉を開けるとプ～ンといい匂いがした。うすかわ饅頭の皮には自社製の甘酒を使っているので、その匂いだ。送り主は母の妹である串本のおば、つまり三代目の京子社長である。社長は六人の兄姉に儀平の和菓子を送ることが好きだったので、丸山は子どものときからずっとうすかわ饅頭を食べてきた。和深の家でも冷蔵庫にはいつもうすかわ饅頭があり、夏休みに来たときも食べたいときに食べていた。

横浜で就職

丸山の父親は串本の高校を卒業後に横浜の大学に入学し、市役所に就職して高校の同級生だった母と結婚した。丸山は横浜の高校を卒業するとき市役所でワイシャツ姿で働く父親を見ていて、自分はそういうタイプではない、自分は頭を動かすより手を動かすほうが向いていると思っていた。子どものころにプラモデルをかなり作っていて、自分でも手先が器用だと感じた。ガンダムからオートバイからとにかくいろいろ作ることが好きだったし、上手だった。

高校を卒業すると丸山は、横浜に住んでいるのだから中華料理人になろうとして均昌閣《きんしょうかく》という比較的大きな中華料理店に就職した。しかし料理人になるのはたいへんなことだということがすぐにわかった。早朝の仕込みから夜遅くの後片付けや掃除まで、一日中ずっと働かなくてはならない。料理を作るのは好きだが、任されるのは下ごしらえと賄いだけ。点心作りをしたかったが、見ているだけで手を出すことは許されない。物を作りたいと思って入った中華料理店だったが、一年で辞めてしまった。

いざ串本へ

横浜中華街の店を辞めて一カ月たたないうちに串本へ来た。あらたに選んだ仕事はやはり作ることだった。子どものころからずっと食べ続けてきたおいしい儀平のまんじゅう作りを仕事として選び直したことになる。串本という町や自然や人々が好きだということも儀平に就職する大きな理由になっていた。

最初から後継ぎ候補としてきたのでも呼ばれたのでもなく、本人が言うところでは、甘いプラモデル玩具を作る気持ちで儀平に就職した。ほんの二、三日前までプラモデルを作っていた小学生みたいな表情で話す丸山は、四十歳を少し超えたところである。

祖父の儀助はすでに亡くなっていたが、当時の工場長にいろいろ教えてもらうことができた。

師匠は工場長

丸山が串本儀平に就職したときの工場長は、福本盛夫さんという当時五十五歳のベテランだった。

福本さんはもともと兵庫県の有馬温泉で炭酸煎餅を焼いていた職人で、儀平にきてからは儀助に教えてもらいながら本で勉強したり講習会があればどこにでも出かけていって自分を磨いていた。丸山はあの工場長でよかったと懐かしむ。上生菓子も作れる人で、柔らかい色の出し方や細かな表現も教えてもらった。

丸山はその工場長に、儀助じいちゃんが海にうすかわ饅頭を捨てた話を確かめたことがある。いつ、どこへ、どれくらい、なぜ捨てたのかと聞いたが、それはワシも知らんなというのが答えだった。

あん炊きの苦労と奥深さ

まんじゅう屋にとっていちばん大切でたいへんなのがあん炊きだが、丸山はどう向き合ったのだろうか。三代続いている儀平のあんこは完成品である。新製品を作るのもたいへんだが、改良の余地がない完成されたものを、昨日と同じように先週と同じように去年と同じように作り続ける苦労もたいへんなことである。ずっと守り続けてきた材料で、ずっと同じ方法で炊き続けなければいけない。しかも大量のあんこを炊かなければならないのだ。丸山が語る。

若い時分はあん炊きはいやでした。冬は寒いし夏は暑いし、なにより孤独だし。おんなじあんばかり炊いているのに飽きたこともありました。早番は六時で、遅番は七時なんですが、うちは夕方五時には必ずみんな帰るんで、早く炊いて早く終わらないと置いていかれるから、一日中あんことにらめっこしているんです。あんこの温度は沸騰したお湯より熱い一三〇度くらいですが、それがときどき跳びはねますから気をつけていないと危ないのです。

正直、あん炊きには飽きました。やっと四、五年目から面白くなってきました。自分の炊いたあんこが次の日にどういうまんじゅうになるのか。一連の仕事の流れが楽しくなってきましたし、いまはあん炊きだけじゃなくすべてをやっているので飽きません。例えば「芋いも」を作って三日ぐらい間隔があくと、今度はこうしよう、ああしようと考える喜びもありますね。

それから同じようなあんこに仕上げるというのは思っているよりたいへんなことで、とくに色です。薄紫色のこしあんの色はどこの店のどのまんじゅうにも出せない色だと思っています。まず小豆です。昔は赤いダイヤといわれ、その年によって小豆の出来不出来が激しいため投機筋のかっこうの材料になったほどだそうですね。同じ産地の同じ品種の小豆を使っていても、その年によって気温や雨の具合でけっこう違います。それを見極めながら、渋切りや濾し方を考えないと同じようなあんこにはならないです。色はそういう意味では正直なのかもしれません。

たしかにいつも一定の色に仕上げるには、相当の苦労があるのは間違いない。薄紫色という言葉は正確ではない。紫色にはいろいろあって歌舞伎の『助六』の鉢巻きの江戸紫、『源氏物語』の若紫、宝塚歌劇団のスミレ色、利休紫とさまざまだが、あえて比べるなら人気が高く愛好者が多い奈良の中川政七商店の「すみれ」という名前の花ふきんの風合いがそれだ。蚊帳の生地で作られていて独特の柔らかさがあり、儀平のうすかわ饅頭のこしあんの色によく似た雰囲気がある。

窯はいまのようなガス窯ではなくて、昔はおがくずで炊いていました。おがくずは放っておいても比較的火力は安定していますが、それでもなくなったりしないように見てなきゃいけませんし、あん炊きは気が抜けないのです。あんじゅうという容器に一日に二十キロを二十五枚分炊き上げますから。合計五百キロです。

木材の産地が近いまんじゅう屋では、あん炊きなどの燃料におがくずを使う店が多かった。鋸で製材するときに出る微細な木くずを固めて燃料にするものだが、紀州は材木の本場だから当然製材所も多く、低コストで燃料が調達できたのだろう。

四代目への道のり

堀本京子社長は近く、次の経営を横浜育ちの甥丸山正雄に任せる方針である。京子は太平洋の波濤に向き合いながら、串本に生まれ育った女だと自分を鼓舞しながら、いま鎌倉に暮らす。三代目と四代目、二人の交代は、期せずして太平洋の荒波育ちの京子が鎌倉へ移り住み、浜っ子の丸山が串本へ移ることになった。替わりながらも変わらないのが、儀平の面目躍如たるところなのかもしれない。儀平はどこまでも海のまんじゅう屋なのだ。

イメージ的に職人という人たちは、毎日同じ作業を繰り返すことをなんとも思わず、忍耐強いような気がするが、実は「こんなことやってみたんですよ」という工夫が好きだったり「こんなもの考えたんですが」と言いながら新製品を作りたがる一面がある。丸山もそうらしい。

職人はやっぱり新しいものを作りたがりますね。私も新製品大好きで、月に一回、大阪で二六会という勉強会があるので行きますが、若手を中心に四十歳代の人も五十歳代の人も一緒になって勉強します。三分の一は女性。会員が持ち回りで先生になって創作和菓子を五品作って発表するのです。総会なんかもあるので実質の講習会は八回で、年間四十品の新製品が披露されます。私がいちばん遠方で、三時間も四時間もかけて行って、六時から八時まで勉強して帰ってくると午前様になります。若い人は材料も新しいですし、段取りと手さばきが参考になるので私のテクニックの仕入れ先ですね。

勉強するとますます新しいことに挑戦したくなりますが、社長は鎌倉へ行ってからいまはうすかわのことだけ考えろって言い始めたんです。狭める勇気がものすごく大切だということは、実際狭めようと考えてみてはじめてわかりました。でもまだ納得できていないのです。

一方、京子社長は先述したように機械化に積極的だ。串本の工場は多いときで男性が五人、女性が三人だが、実際この人数で回っているのは機械のおかげだろう。丸山が苦笑いしながら社長の機械好きのことを話す。

社長は本当に機械が好きなんです。大好きなんです。自分が作らないからだと思うけど、ほんまに好きですね。このあいだも赤飯の機械を買おうと社長は言うんですが、僕はいらないと思っています。だって、大量生産はできますが、少量生産ができないんです。社長は職人に楽させようと考えているからありがたいのは間違いないですし、機械の導入で工場が安定すると考えているのは、そのとおりなんですよ。

先日あるメーカーの偉いさんがうすかわ饅頭の機械化というかロボット化は一千万円でできると言っておられましたが、それは無理ですね。たぶん、うちのうすかわ饅頭を作る工程をよくご存じないのかなと思いました。無理にやるならあんも皮ももう少し硬くせざるをえないし、形も決まりきった一定なものになってしまって、味も舌触りも見た目の面白さもなくなるでしょうね。うちのうすかわ饅頭は軟らかさが特徴ですから無理だと思います。

三代目と四代目

丸山は三代目の京子社長のことをどう思っているのだろうか。「僕もけっこう社長とけんかするんです」と話す丸山の表情が妙にうれしそうに見える。

社長も「あの子は反抗ばっかりする」って言っているらしいんですが、反抗しているつもりはないんですよ。だってね、以前は新製品を開発しろって言っていたのに、鎌倉に店を出してから急に新製品を作るなっていうから、それは納得できないっていうだけなんです。

社長に聞いた話はこうだ。

工場長に「新商品の開発はやめたのですか」と言われたけど、新製品を作るなとは言っていない。整理しろ。そのうえで作れ、ということ。

人手が足りないって言っているが、社員も高齢化しているし、これからますます人手がなくなってくる。だったら、いま作っている商品を整理しなさい。売れるものと売れないものを分別すれば、人手に余裕が出るはず。無駄がなくなるはず。

いまでもいくつかは欠品になっていることがある。欠品はダメ。それなのにますます多品種を作っていてはよけいにたいへんになる。ある時期には見直すことが大事。いっぺん見直してみる。ある程度落ち着いてから新しいものの開発をする。なのに、なかなかそこができない。

はた目には、儀平の菓子作りの歴史は先代と当代のけんかで成り立ってきたのではないだろうかと不思議な感じがする。

丸山が福本さんのあとの工場長の言葉を引き合いに出して言う。

人手が足らないときに午後だけ手伝ってもらっている前の工場長に僕が相談っていうか、ぶつぶついったんですよ。……社長が新製品の開発をやめろっていうんですよって。……そしたらその人は社長のいうことを聞くべきだって笑いながらいっているんですよ。そういわれて振り返ってみると、社長は変わったことを言ったりやったりするけれど、わりと正解のことが多いんです。

今回の北鎌倉もそうですよ。いままでも絶対失敗していないんです。社長のやることを二十二年間見てきましたが、やっぱり正しいんです。
いつもアンテナを張っていますね。けっこうあっちこっち行っていますからいろんなところを見て、いろいろ思い付くんですよ。

社長は、「若い職人だから新しい商品を作りたいのは当然で、その芽を摘んでしまうのもいけないし惜しい」とも言っている。
社長の言葉を思い出して伝えてみた。「だから、「もういまだったら日本一を目指せ」と言っておられました。「もういまだったら」というところにヒントがあるように思いますが」と。

日本一かぁ、恥ずかしいなぁ。でもそれがいいのかなぁ、日本一かぁ。

日本一を丸山正雄は成し遂げなければならない。四代目の役割とはそういうことだ。
横浜から移住してきた丸山工場長は、すっかり串本の人になって、町の人たちにもまるちゃんとかまさやんとか呼ばれて親しまれている。串本が好きで、儀助じいちゃんが好きで、物を作ることが好きで、まんじゅうが好きな丸山正雄が、味だけではなく、売り上げだけでもない、日本一のうすかわ饅頭の店である儀平の後を継いでくれるのは間違いなさそうだ。

海の底からきたまんじゅう屋

橋杭岩《はしぐいいわ》に夕陽が当たり始めた。写真家たちは朝陽に浮かぶシルエットの橋杭岩がいいというのだが、串本儀平の工場長丸山正雄は一日の終わりに正面から陽を浴びて明日を待つ橋杭岩のほうが好きだという。

橋杭岩

串本の名勝橋杭岩は、地中深くから噴き出したマグマが黒潮の海を突き抜けてそれぞれ思い思いの形で並び、見事な造形美を作り上げた橋である。それをまんじゅうのモチーフにした儀助は詩人だった。

海の底からできたまんじゅう屋である。

過去から現在へ。現在から未来へ続く橋杭岩こそ、儀平のうすかわ饅頭の時の流れを象徴しているのかもしれない。串本だけではなく、南紀の景観を代表する天然記念物橋杭岩が日本一おいしいうすかわ饅頭の形を導いたのだ。

鮎と踊りと頑固おやじ　村瀬孝治

吉田川鮎釣り

郡上という町

　両月堂というまんじゅう屋が鮎と盆踊りで有名な岐阜県郡上市八幡町にある。看板商品は「よもぎ求肥《ぎゅうひ》」だが、焼き菓子の「郡上そだち」も人気が高い。バニラ、シナモン、粉糖、卵白、生クリームなど普通のまんじゅうの原料とは少し違うものが入っていて、とても風味がよく舌触りもいい。のどを通るときに、それぞれの素材の味が引き立ちながら一体となって溶けていくおいしい菓子だ。

「郡上そだち」という名前は鮎が棲む清流長良川で産湯を使い、夏は踊りに明け暮れ、雪が降り積む冬は春を待つ優しい心で育つ郡上の人々への思いを込めたネーミングである。

　おいしいまんじゅうを作る店主村瀬孝治はふっくらとした丸顔で、近頃は頭のてっぺんがお月さまのようになってきて空の月がきれいに映りそうである。両月堂という店名は店主の弟さんがイマジネーションを駆使して考え、寺の住職が「字画もいいからそれでいいだろう」ということで決まった名前だが、店主の丸い笑顔と光り輝く頭が両月になっているから愉快ではないか。

〽郡上のなぁ　八幡　出てゆく　時は（ア〜ソンレンセ〜）
雨も降らぬに　袖絞る（袖しぼる　袖しぼる）

郡上おどりアップ

郡上おどり全体

〽天のなぁ　お月様　ツン丸こて丸て（ア〜ソンレンセ〜）
丸て角のうて　そいよかろ（そいよかろ　そいよかろ）

郡上おどり囃し方

白鳥踊り若者

郡上おどりのもっとも有名な曲「かわさき」の二番は、「天のお月様　ツン丸こて丸て　丸て角の

白鳥踊り世栄

下駄の一本締め

うて　そいよかろ」と両月堂の主人と奥さんのために作られたような歌詞である。

踊りの唄と囃子が市内を流れる吉田川の川風に乗って聴こえてくるようになると、町には夏の笑顔が飛び交う。「まめやったかなぁ」「おおきに」「いつまでおってやな」と、孫を見せに帰ってきた若い夫婦や、都会の暮らしがうまくいかずこれからのことを相談しに帰っている者たちを迎える地元の人々の郡上言葉。そんな郡上育ちの人間を温かく迎えてくれる中心に盆踊りがある。

重要無形民俗文化財に指定されている郡上おどりでお盆前後の四日間は二十万人以上の人々が県内外から訪れ、夜が白むまで徹夜で踊り続ける。「春駒」「やっちく」「げんげんばらばら」など曲調も歌詞もさまざまな十曲の踊りがあり、屋形の上で唄い手が三味線と笛と太鼓に合わせて自慢ののどを披露する。踊りは犬啼《いんなき》水神祭、天王祭、神農薬師《じんのうやくし》祭、宗祇《そうぎ》水神祭など所縁の神仏を崇敬しながら夜ごとに場所を変え、市内の何カ所かで催される。

与謝蕪村に月と踊りを題材にした句がある。江戸中期に活躍した破天荒な画家　英《はなぶさ》一蝶《いっちょう》の盆踊りの画に蕪村が賛を頼まれて作った句だ。

四五人に　月落かゝる　をどり哉

盆踊りがもうすぐ終わる時刻が近づいて、少なくなった踊り手に月の明かりが差している。ひなびた集落の寂しくも温かい情景である。

この句で思い出すのは、郡上市八幡町のすぐ近くでおこなわれる郡上市白鳥町の盆踊りである。白鳥踊りは郡上おどりよりテンポが速く若者にとても人気がある。とりわけ「ドッコイドッコイドッコイサー　ドッコイサノドッコイショ」の掛け声に合わせて太鼓と手拍子と下駄の音だけで踊る「世《よ》栄《さかえ》」は、全部を歌い踊ると十分を超えるが、歌の終わり近くになると唄い手が「ここらあたりで調子を速め」とひときわ声を張って歌う。それを合図にテンポがどんどん速くなり、最後の三十秒ほどは文字どおり走って踊る。せき立てられ囃し立てられて踊り終わると、感動の涙を流す若い女性があちこちにいるのも見慣れた光景だ。

この年の夏の最後の踊りが終わり、家々の軒先から祭り提灯の灯が消えた。ほんのしばらく前まで囃し方が乗っていた屋形の階段を世話役が取り外している。紅白の幕もたたむ。スピーカーを柱から外して下の男が手渡しで受け取る。浴衣姿の女性たちは、男たちがする力仕事の終わるのを待って何やら小声で話している。夢のことか。秋のことか。涙のことか。恋のことか。

夏が行ってしまう。

夜の街は蚊の羽音さえ聞こえそうだ。

雲間から月光が落ちてきた。

リーダーの指示で全員が小さな輪になる。男たちは腰にからげていた裾を下ろし、鉢巻きを取って懐へ入れた。短いねぎらいの言葉に一同の顔がほころんだ。全員が履いているひのきの下駄を脱ぎ、両手に持った。

なにをするのだろう。

リーダーの威勢のいい「よーおっ」という掛け声があって、皆が両手に持っている下駄を大きく左右に広げて力強く歯と歯を叩き合わせるとカーンという乾いた音が夜の通りに響く。山ふところにある小さな踊りの町のおそろしく粋な一本締めだ。

こんな町にあるまんじゅう屋の話である。

1　材料惜しまず、手間惜しまず

水の町

郡上市では鮎の季節になると清流長良川と支流の吉田川で多くの釣り人が友釣りに興じる。長良川の鮎は全国各地でおこなわれる鮎の品評会で何度も上位入賞しグランプリも獲得している。清流に棲む鮎は、川底の石に付く苔を食《は》んで育ち、塩焼きにして食べるとスイカのようないい香りがする。鮎が棲む川は水がきれいだという証拠にもなる。

郡上市周辺には犬啼山の鍾乳洞などいくつもの鍾乳洞があって、洞窟内を流れる川や地下湖もある。市内各所で湧き出る水が井戸になり、水舟《みずぶね》と呼ばれる水槽で食器や野菜を洗うために使われたりする。郡上八幡が水の町と呼ばれるゆえんである。

うまい水はうまい酒を造り、うまい豆腐を作り、そしてうまいまんじゅうを作る。まんじゅう屋の生命線はあんこだが、そのあんこのうまさを左右するのが水。豊かで質のいい水がうまいあんこを炊かせ、味わい深いまんじゅうを作る。

鍋に小豆と水を入れて茹でる。豆が踊らぬ程度にぐつぐつさせる。あまりに火が強いと豆の表面が

水の町

子どもの水遊び

割れて中身が出てしまうので、慎重に加熱する。頃合いを見計らって赤黒く染まった茹で汁を捨てる。いわゆる渋切りとか灰汁抜きという作業だ。これを数回繰り返すが、この工程の回数が多いほどあんこのできあがりはさらりとしたものになり、やりすぎると小豆の風味を逃がしてしまうことになる。その店その店によって渋切りの回数が違い、タイミングや温度など微妙な加減があんこの仕上がりに大きく影響する。

いずれにしても上質の水が大量に必要だが、それをまかなってくれる水道水が犬啼山系の湧水や伏流水であり、鍾乳洞や石灰層を通ることで適当なミネラル分を含み、郡上のまんじゅうのおいしさの下支えになっている。

両月堂は長良川鉄道越美南線《えつみなんせん》郡上八幡駅と郡上市街の中間点にある。通りに面したショーウインドーに郡上地方に伝わる土人形がある。店に入ると陳列棚に十数種類のまんじゅうと上生菓子が並べられている。かたわらの木の切り株にはお菓子やいろんなパンフレットが置いてあり、壁には紅鉢《べにばち》など民具と「材料惜しまず、手間惜しまず」の色紙。昔の和菓子屋さんの道具としてなくてはならなかった鯛や菊の花などの菓子の木型がたくさん並べてある。四、五人が座れるカフェコーナーがあって、その卓は原木の一枚板。椅子には座布団。まんじゅうを食べるには実にいい雰囲気である。

よもぎ求肥のあん炊き

カフェコーナーでよもぎ求肥の作り方を店主の村瀬孝治に聞いた。話し始めると明子夫人がお茶を出してくれた。よもぎ求肥とお抹茶だ。まんじゅう屋の職人が被る白い帽子姿の店主が話し始める。

毎日作るわけじゃないんで、まずよもぎ求肥を作る日を決めます。その五日前から粒あん作りを始めます。最初の日に小豆を水に浸けておいて一晩寝かせておきます。次の日の朝、水を新しく入れ直して九時に火をつけても、すぐにはよう煮えてこんで四時か五時にしかできんです。鉄鍋やもんでなかなか豆が上がってこんです。鍋の反対のほうをこんこんと叩いても硬いうちは動かん。小豆が炊けてくると浮いてくるんです。ぐつぐつと噴いてくるが、いっぺんめやとまだ水が黒い。それを根気に早いめに替えるとなんていうか灰汁が早う出て、ちょっと鼠色みたいなあれになります。水替えを三べんくらい、どろどろ水を捨てると下のあんこが澄んで見えるようになる。そこまで替えるとサラサラのええあんこになる。それでこいつが軟らこうなるから、炊けたかなって見てみると、ちょぴっとごが出てるもんで、それを目安でやりよるんです。ごというのは小豆の中身のことやな。水が少《すけ》ないと焦げてまうし、多すぎるとごが出すぎてまうもんであんばいが難しい。水加減と火加減をよう考えて、豆が割れんように軟らこう炊くのが難しいんや。小豆を気に入ったように炊くのに七時間も八時間もかかります。

　炊けた小豆を一晩置いて、三日目の朝に蜜を足して鍋に入れて炊きだすんです。三十分ほどすると蒸気が上がってくる。これからは温《のく》とうなるもんで割合と早いですけど、冬のうちは裏の工場は凍るぐらい寒いもんで、一時間以上かかるんです。あんまり火ぃ強うできんけど、だいたい強い火力でやっとるです。要するに火加減が難しい。それから一時間以上は炊かないかん。粒あんは炊き上げるのに一時間半もかかるんで、五升炊きの鍋でなるべくた〜んと炊くんです。

掻き回すのは商売を始めよった時分は櫂でやっていましたが、櫂で炊くとずっと横におらなあかんで他のことがちぃとも進まん。ほれからはこのプロペラのついた機械で炊いています。年をとるといろいろ身体がいうこときかんしな。

まんじゅう屋の根本はやはりあん炊きですが、おんなじ材料でおんなじ物を使っても鍋が違ったり火力が違うとあんこの味が違うんです。小豆の質にもよるんかもしれんけど、ちょびっと前に炊いたやつは、ちょっと油断しとったら、ぐつぐつぐつぐつ煮えてきとって、ちぃと汁が赤かったです。そうするとやっぱりあんこが赤うなって、おらんた、なまかわしてやるもんで、油断せると、すぐに赤うなってまってあかん。おやじはほれ専門にかかりよったもんで、ああいう、ええあんこを作っていました。

おやじのあん炊き

村瀬はあんこ作りをおやじさんから習った。中学を卒業してそのまま岐阜市へ修業にいったが、そこではあん炊きは親方しかやらなくて教えてもらえなかった。兄弟子もあん炊きはやらせてもらえなかった。郡上へ帰ってから初めて父親にあん炊きを習った。父親は社交家だったので付き合いが良く菓子組合で仲良くしていた人たちといろいろ話をしたり、自分の技術を教えたり教えてもらったり技術の交換をしていた。その仲間と一緒によその店の見学にいったりしてあん炊きを習い、自分なりにいいあんこを炊いていた。村瀬はそれを習った。

岐阜の修業にいっていた店は粒あんは炊いたが、こしあんは取餡《とりあん》といって、粉状になった生のあん

あん炊き釜とプロペラ

あん炊き釜と櫂

こを製餡所から取っていた。

だが父親は、自分で作るあんこでないと味が悪いと言って、何から何まで自分でやった。父のモットーは「材料惜しまず、手間惜しまず」。コストを考えずいい砂糖を使っていた。白双糖《はくざら》、グラニュー糖、三温糖、上白糖の四種類を材料屋から買って、あんこによって使い分け、できたあんを使う菓子の種類によっても分けていた。上生菓子のこしあんと薯蕷饅頭と、店で売るものは全部白双糖のあんこ。卸のまんじゅうとか葬式まんじゅうは取餡を上白糖で作っていた。ぜいたくすぎるくらいだった。白あんも上生菓子に使うことが多いので、あまり甘くしすぎないようにグラニュー糖で炊いた。小麦粉もハート印とフラワー印と強力粉と三様《みよう》に分けて買っていた。それぞれ一本ずつ、ということは二十五キロだから、重いし場所もとるし、いまはそんなことはしない。強力粉やグラニュー糖はそれほど使わないのでスーパーで一キロ入りを買ってすませている。

この徹底ぶりは尋常ではない。材料費がかかるのはもちろんだが、砂糖の種類を多くすれば置き場所も必要だし、製造するあんこに合わせて砂糖の種類とその量をミスなく配合しなければ意味がない。それほど大きなまんじゅう屋ではないのに、よくもここまで勝負を賭けたものだと思う。

村瀬孝治は飛び切りいい先生に教えてもらったことになる。両月堂のまんじゅうがどれもおいしいことにはやはり理由があった。機械屋さんが便利なものをどんどん開発してくれるから、手間はそれなりに省けるようにはなってきた。省けないのが材料で、これを安価なものですませると確実に味が落ちる。村瀬孝治は父のやり方をずっと見てきたから、材料は決して惜しまない。ここは一本筋が通っている。まんじゅう作りの構えが違うとしかいいようがない。

話の続きを工場で聞く。

作業場と機械

両月堂の仕事場はたいして広くはない。城下町特有の間口が狭くて奥行きがある造りで、店の奥にかかっている暖簾が店と仕事場の境界線になっている。さらに進むとシンクがあって、その先が工場である。機械は全部年季が入ったものばかり。あん炊き釜、ミキサー、電気オーブン、冷蔵庫。大小いくつかの秤があるが目盛りの多くはグラムではなく匁《もんめ》だから相当の年代物だ。さらにヘラ、しゃもじ、泡立て器、ざる、延べ棒など小さな道具がきちんと整理整頓されている。道具は古いがとても清潔な仕事場だ。

新しく機械を買うと金がいるんです。元手を取っとるんか取っとらんかわからんですけど、店のショーケースは名古屋の菊屋ってとこから中古で買いました。このオーブンは新品で買いました。あん炊き機は中古です。餅つき機、あれモダンミキサーっていうしゃれた名前がついてまして、新品やったですね。そんなもんしかないですねぇ。あとボイラーか、あれもだいぶん前に買ったですけど、あれは灯油バーナーが壊れたんで、ほんでリンパがほしいもんで、輪っかですねぇ、鉄の。大きさが何種類かあってお釜の大きさによってリンパの大小を変えてお釜を載せるんです。それがほしくて平山っていう名古屋のメーカーに電話したら、こういうボイラーがあるでと言って、そのとき買ったんですが、そんなに高うなかったです。三万円ちょっとで買えました。

オーブンの温度計

オーブンの目盛り

新しいヤツ買おうと思ってもなかなか買えないのでそれをずっと使っているんです。それでもガスボイラーは三分か五分で湯が沸いたから、仕事はやっと早うなりました。

よもぎ求肥の材料

工場に入るとよもぎの匂いが漂ってきた。小豆を水に浸けてから四日目になって、よもぎ求肥の仕上げ工程に入るところなのだ。よもぎは昔は村瀬がおふくろさんと一緒に川原へ採りにいっていたが、いまは材料屋から買っている。川原は犬の散歩をする人が多く衛生面のこともあるし、採ってきたあと、枝や茎などの始末するのがたいへんなので、清潔で余分なものが取り除かれたものを茹でて冷凍にして運んできてもらえるから材料屋のものを使っている。

作業はまず冷凍してあったよもぎを自然解凍して、水切りすることから始まる。

次にかたわらのボウルに白玉粉を入れ、水を加えながら練る。それを蒸し器で蒸す。白玉粉を蒸すのは、粉っぽさをなくすため。

ここまでは手作業だったが、次の工程で機械が登場する。

半分量のよもぎと半分量の蒸した白玉粉をミキサーで練る。一度に全部の量を練ると、どうしても均一になりにくいのだそうだ。

そこへ泡立てた卵白を混ぜる。卵白は軟らかさと舌触りをよくする効果があるとか。

蜜を加える。砂糖を直接加えず、お湯のなかに溶かして蜜にして使うのは、均等に混ぜるためと混ぜる時間を長くしすぎて求肥に腰がなくなるのを防ぐためである。

残しておいた半分の量のよもぎと白玉粉を加えてもう一度練る。

ミキサーの鍋を下から加熱しながら作業をするのは冷めてしまうと硬くなってしまうからだ。

ここまでの作業にも、店主・村瀬孝治がモットーとする「材料惜しまず、手間惜しまず」の心意気が現れている。

求肥に粒あんを包む

いよいよよもぎ求肥を包み始める。

とり粉を敷いた番重《ばんじゅう》に鍋から求肥を移す。直接手で触るととても熱いので、しゃもじとへらを使う。この段階の求肥はトロットロだから、鍋から番重に移すだけでもコツがいる。番重のなかに取った求肥にとり粉をまぶしながら一個分の大きさにちぎるが、とても軟らかくて、素人には手のなかで形を整えることなど到底できない。

食べ物の軟らかさを表すとき「耳たぶほどの硬さ」ということがよくあるが、とてもそんな軟らかさではない。縁日で見かけるトルコのアイスクリームよりも軟らかい。バンジージャンプのゴムのロープよりも伸びる。

トロットロというしかない軟らかい求肥にカネのへらであんこを詰める。村瀬がそれを丸める手つきが軽やかだ。いくつか丸めてはときどき目の前の小さな秤に乗せて重さを確認するが、ほとんど誤差がない。「うまいこと包むものですね」と聞くと思わぬ答えが返ってきた。

いんや、包むやないんです。握るんです。おやじがそうやって教えてくれよったです。包むんやなくて握るというのは気持ちの問題なんですかね。

まんじゅうは包むのではなく握るというのだが、京都の老舗料亭辻留の二代目辻嘉一さんがのちに人間国宝になった落語家桂米朝さんとおにぎりを作るテレビ番組を観た記憶がある。こんなやりとりだった。

桂米朝「さっきからずっと握っておられますが、いつまで握ってるつもりですか」
辻嘉一「おいしくなるまでです」
米朝「番組終わってまいまっせ」
辻「大きいおにぎりのほうが小さいのよりおいしいってご存じですか。大きいと長いこと握らなあかんでしょう。長いこと握るということは、ごはんと塩と手のひらの温みで旨味が出てきておにぎりがおいしゅうなるんです」

米も小麦粉もでんぷん質のものは、加熱したり練ることで味がさまざまに変化する。村瀬の父が「包むのではなく握る」と言ったのにはそんな意味があるのかもしれない。

それと修業にいったときに、こうやってまんじゅうの皮にあんこを入れて回すんですが、その方向が逆やったもんで、はじめはちょっと苦労しました。

中学生のときに、おやじがまんじゅうを包むのを手伝ってました。おやじが、「おまえ、これ

天秤ばかり

やっときゃ向こうへ行ってためになる」と言って、夜遅くまで手伝《てつだ》わされました。おやじはこうやって丸めとったですが、岐阜の店では回し方が反対だもんで、指が逆になるんです。こいつに慣れるまでちょびっと時間がかかりました。岐阜は右回りで自分のおやじは左回り。店によっていろいろ違うんですな。

包んだよもぎ求肥を載せる秤は、上皿天秤ばかりというかなり年季が入った秤で、天秤の片方に皿がありそこによもぎ求肥を載せる。左端に重りを置き、天秤の棒の部分がスライド式の目盛りになっていてそれで微調整する。重さの単位は匁である。重さがちょうどよければ秤は右にも左にも動かない。

求肥は重すぎたり軟らかすぎると重さでべちゃっと横に広がってしまう。長年作ってきた適度な軟らかさであればなかの粒あんが求肥の形を丸いままにとどめてくれる。

こうしてでき上がったよもぎ求肥が室内に増えてくると工場のなかによもぎの匂いが強くなる。まだ熱くて湯気が立ち上っているのを一つずつちぎって丸めるから、表面積が増えて室内によもぎの香りが充満するのだ。

ひととおり包み終わったよもぎ求肥は、翌朝まで自然に冷ます。

そして五日目、それをポリエチレンの袋に包む前に真っ白な粉を振っておくのは求肥がくっつかないようにするためである。脱酸素剤を入れて包むのは息子さんと奥さんの担当である。

でき上がった「よもぎ求肥」の特徴をいくつか挙げておく。

1、緑色が深い。色を分類する専門書で見ると「深緑」「常磐石」という分類になる。摘んだよもぎはむしろ草緑色だが、洗って加熱して冷凍する過程で色が凝縮されている。奈良の中将餅《ちゅうじょうもち》本舗の中将餅もよもぎを使っている飛び切りおいしい餅で色もずいぶん濃いが、両月堂のよもぎ求肥の色の濃さは知る限りいちばんかもしれない。

2、できたよもぎ求肥はそのままその日の販売予定分を店頭に並べ、残りはすぐに冷凍する。食品の冷凍に違和感をもつ人がまだいるが、まんじゅうほど冷凍保存に適した食品はないといっても過言ではない。まんじゅうに含まれている水分が蒸発してしまうとパサついて味が落ちるのは当たり前だから、冷凍して水分をなかに閉じ込めることができるのである。このメリットは大きい。自然解凍なら二十分から一時間待てばできたてよりもおいしいよもぎ求肥が食べられる。

3、歯触りとのど越しのよさ。求肥の軟らかさと粒あんの軟らかさ、逆に言うと硬さがちょうどよいのである。何によらずできたてがいちばんおいしいというのは幻想で、ある程度時間がたったもののほうがなじんでおいしいケースもよくある。大根の煮たのを筆頭に、煮物の多くは味が染みてからのほうがおいしい。

2 菓子職人修業

飴作り

両月堂の主人村瀬孝治の話がとても興味深いので、店が休みの日にもう一度出かけて七十歳のまんじゅう職人に五十数年前のことを振り返ってもらった。

村瀬孝治の父村瀬治郎は息子を岐阜へ修業に出すことにした。父は自分自身が名古屋の飴屋で修業して飴の作り方を覚えることができたので、息子を岐阜の長崎堂というカステラが有名な店へ修業に出せばカステラの作り方を学んでくるだろう。そのころ郡上の和菓子屋ではカステラを焼いている店がなく、ちょうど大きな病院が開業したので見舞いの菓子にあつらえ向きのカステラを製造したいと考えたのだ。

おやじさんは飴作りからスタートした。

夜干し飴というのを作っておりました。うどん粉と水飴を練って作るんです。砂糖は高いもんで使えなかったから澱粉から作る水飴を原料にしていました。練ったものをすりこぎほどの太さ

村瀬孝治

村瀬明子

の棒にして、それを引っ張って細長く伸ばして人差し指くらいの太さにして、ハサミで食べやすい大きさに斜めに切るんです。

それから有平糖という口でサクサクと溶けてほろほろっとのうなる飴も作ってましたし、黒肉桂やら色が青と赤と入った薄荷糖も作ってました。ハサミで切れん硬い飴はおふくろが切るんです。おふくろは一九二二年（大正十一年）生まれでいまは九十五歳で病院暮らしですが、けっこう遅うまで手伝ってました。球断機という団子を切る機械……機械といっても木製のもんですが、洗濯板の溝をもうちょっと広くして深くしたようなところへ伸ばした飴の生地を載せるんです。そして上から持ち手のついたまな板みたいなもので、ころころ転がしているとひも状になるんですが、それをもう一度斜めに置き直して、その上におふくろが座ると尻の重さで切れるんです。私は子どもでしたが、どうにもおふくろがかわいそうやったことを覚えています。手ではどえらい力がいるもんで、尻の重みで切ったんです。おふくろは寒うなると火床っていって、土間に穴を掘ってもらって、そこへ炭入れて、足の裏を温めてやっていました。おやじはなんやかやと動くからええんですが、おふくろは一日中立ちっぱなしやもんでつらかったと思います。

菓子の卸を始める

父親ははじめは飴が専門だったが、それだけでは食えないので、まんじゅうの卸を始めた。まんじゅうといっても、カステラ生地にあんこを詰めた筒状の苧環《おだまき》という菓子や、小麦粉の生地にあんこを包み生地を四角にして焼いた六方焼きや、生地に挽茶《ひきちゃ》を練り込んで上と下にゴマを載せて焼く茶通という小さいまんじゅうなんかの日持ちのするものを作り始めた。こういう菓子は当時はどこの菓子屋でも作っていたごく一般的な菓子で、しばらくたってからはガスオーブンの小さなものを買って栗饅頭も作るようになった。

父親は自分で作ったものを自分で卸しに行っていた。八幡町だけではなく大和村《やまと》、明方村《みようがた》、母袋《もたい》なんかにまで行っていた。村瀬は中学のときに卸の手伝いをすることになり、前の日に父が作ったものを朝五時から自転車で配達する。注文されたものを運ぶのではなくて御用聞きのように「今日はこれこれこういう品物がありますが、どうですか?」と売って回る。その時分には運搬車という荷台が大きな自転車があり、そこに何種類もの菓子を積んであちこちの店で品物を広げて買ってもらう。母袋にあるよろず屋は大きな店で生活用品全般、乾物までも売っているいちばんのお得意だった。そこまで片道十キロ以上あった。行きはずっと上り坂が続くのでスピードが出ない。そのころは国道にかかる郡上大橋がなく、いったん山のほうへ行って吉田川にかかる宮ケ瀬橋を渡り、それから小駄良川を洞泉寺橋で渡って鉄道を横切って川沿いの旧国道をさかのぼっていった。街灯がぽつぽつついている時間帯で、途中でひと休みしながら行った。五時に出発しないと間に合わない。五時に出るのだから製造は前の日になる。前の日に作るということは一日たっても味が落ちず硬くならない、ぱさぱさにならないなどが条件になるから、おのずと作る品物には制限がある。

村瀬の店以外にも製造して卸すまんじゅう屋が二、三軒あって、小僧を雇っていた店では小僧が卸しにきていた。そのため、どの集落のどの店へ早く行ったらいいだろうかなと考えてライバルとの駆け引きを制した。小さな店がたくさんあったし、荷台に積んだ商品をそれぞれの店で卸して買ってもらうのだから、一つの品種を五つかそこら、よっぽど買ってもらって十個。たくさん売って帰ればほめてもらえるので、それを中学校を卒業するまでやっていた。

一九六二年（昭和三十七年）ごろだから、親の仕事を子どもが継ぐのは当たり前で、小学生でも中学生でも家の仕事はみんな手伝っていたものだ。

岐阜へ見習い修業

一九一九年（大正八年）生まれの父親が手はずを整えて村瀬を岐阜市の店へ修業にいかせた。十五歳で中学校を卒業したが、勉強が嫌いで嫌いで早く就職したいばっかりでわくわくしていた。そのころはまだ就職組が多かったし、高校へ行くことなんか全然考えなかった。いまはないが岐阜市の長崎屋という店に勤めた。大きな和菓子屋で市内に直営店が七軒あり、村瀬は本店に勤めた。修業のための見習いだったが、たいへん楽な店だった。入ったときは先輩が二人だったがすぐに一人は辞めて美濃加茂で店をやり、もう一人はあとで岐阜の正木町で商売を始めた。

長崎屋が作っていたのは生菓子だったが、朝早くからの仕事はなくて起きるのは七時か八時くらい。つらいと思ったことはなかった。村瀬は中学校を出てすぐだったが、酒が飲みたいタバコが吸いたいばっかりだった。

酒とタバコとパチンコ

そのときはまだ髪の毛があったですから、頭の毛を少しでも早う長く伸ばしてと思いましたね。

それにタバコは自動販売機が少しはあったもんで、自由に買えましたし、売店もありましたから。

いちばんはじめにうまいと思ったのは、ビール一本注文して、ざるそばを食べた思い出です、あれがいちばんうまかった。それが十六歳から十七歳の時分です。鉄道の弘済会とか丸物百貨店とか長良の長良館に卸をやっとったもんで、いつも配達で通る道でめぼしいとこを探しておいたんです。若宮町の千寿堂ってとこへ卸に行って帰ってくる途中に武蔵屋という食堂があったんです。「ああ、休みのときにはここへきて頼めばいいなぁ」と考えていたんです。昔の普通の大衆食堂で、それで休みの日にその店に入って、ざるそば食ってビール飲んだらうまかった。若いもんでビール一本飲んだって酔うようなことはないですし。

次はパチンコにはまってしまって、休みのときに朝からずっとやってたら金がのうなったんで、夕方店へ帰って、「大将悪いけど金貸してもらえんですか」って頼んだら、ちょうど家族でめし食べているとこで、「お前めし食べたか?」「いや朝からずっとパチンコで何にも食べてません」って言ったら「ほんならカレーを作ってあるで、カレーを食べてけ」って食べさしてもらって、ほれからまた前借りしてパチンコ屋へ行きました。

大将からは、少しは貯金しとけよと言われただけでした。親方の息子が東京へ修業にいって帰ってきてパチンコが好きなもんで、こっちだけ叱るわけにいかなかったんでしょう。息子の齢は私より上でした。息子はパチンコのプロやったですね。こうやっといて、まるで機械みたいに球を入れるんです。私は一発打ってまた一発打ってしかようやらんかったけど。

給料は入ったときが七千円でした。中卒の初任給としてはかなりの高給だったですね。パチンコで使いすぎちゃあ、もったいないと思って、こっちへ帰って来てもたまにはやったが、それだけ一生懸命のめり込むことはしなかったです。

仕事で失敗

失敗したことは何回もあります。上用の大きい注文があったんです。店では上用饅頭って言ってましたが、正式には薯蕷《じょうよ》饅頭です。上新粉と山芋と砂糖を紅鉢で練ったんです。それであんこを包んで蒸したんですが、噴いてこんのです。たぶん砂糖が足りなかったんだと思うんですが、硬いんですよ。砂糖を入れ忘れたか、分量を間違えたかなんかですよ。しかし何が足りんかわからんもんで継ぎ足すことができん。いつも包み終わってから順々に蒸し始めるもんで、蒸篭に蒸す前のものがいっぱい残っているんですが、どうにもしょうがないので全部蒸してしまいました。もったいないから皮とあんこを別々にして、「むいた皮だけをごはんの米代わりに食べろ、おれたちも食べるで」と親方に言われて、まあ半分はお仕置きみたいなもんで、二日間くらい茶碗に盛ってもらって上用饅頭の皮を食いました。

こんな失敗もありました。店に入って間もないときに落雁作りをしたんですが、水をたんと入れんと固まらんと思って微塵《みじんこ》粉に水を入れすぎたんです。……微塵粉ちゅうのは米の粉を乾燥させて挽いたやつです。それがべたべたになってしまって、固まるどころかどろどろになって、どうにもこうにも。これは叱られるなと思いよりましたが、私が叱られんと先輩が怒られたんです。「お前、見とってどうして注意せなんだ」って言って。いまでも失敗する夢を見るんです。長崎屋では落雁と上用饅頭しか失敗してないのに、ほかのことで失敗する夢をいまも見るんです。覚めると、ああこりゃ夢でよかったなぁって思いますが。

もう五十年以上昔の話なんですが、そういう失敗話の一つひとつに親方の教えがこもっているように思います。

先輩が叱られるのを見て、それから自分も気ぃつけたことがありました。最中用のあんこを炊きよったあとのことでしたが、鍋に残っているあんこをゴンベラ（ゴムベラ）でこそげて取らんといかんのですが、そのまま鍋を水に漬けてふやかしてしまったんです。それを親方が見て、その先輩はそれからもうあん炊きをやらしてもらえんかった。あんがすべてのもとやから、あんこをだくさに粗末にしたっていうことで。

奥さんが、「あの子に大将があん炊きをさせんというのは、こういうことを見てまったでぇ、もう信用ならんで、もう炊かせんって」と言っていました。

長崎屋やのうて、岐阜市の奥のほうの菓子屋ですけどね。鍋洗うときに縁にあんこがひっついてるですね、そいつをこうやって手で取って、これぐらいのもんですわ、固めりゃ、そいつを次のあんこを炊くときに鍋に入れる、それぐらい大事にしとった。考えてみりゃあ、まんじゅうの材料のなかで、自分で作れる原料って何もないですよ、小豆にしろ砂糖にしろ小麦粉にしろ。みんな買ってるもんですから。

私が直接叱られたことももちろんあります。

小僧のときに伊勢芋を擂《す》っていたんです。上用饅頭に使うもんで、大将が擂れって言われるんで、手が痛うなるぐらいペラペラになるまで擂ったんです。擂り終わったら、大将が芋が残ったはずやが残りの芋をどこへやったって言われるもんで、ゴミ箱へ捨てたと言ったら叱られました。「あれは高いもんやで捨てずに味噌汁のなかに入れとけ……ほしたら誰ぞ彼ぞその芋を食う」。伊勢芋でも築根芋《つくね》でも、それ自体が高いもんですから、その高い芋の皮をけっこう削り取って白いところだけを使うもんですから、使えるところは特別貴重なんで叱られたんです。

仕事は夜は遅くても九時までだったが、朝が遅いからどうってことはない。ただ夏は忙しかった。岐阜の菓子屋は夏になると長良川の鵜飼いに合わせて、毎日大量に鮎菓子を作る。そのときだけは夜十二時くらいまで仕事をした。

あん炊きを教えてもらえるかなと思っていたが、大将が専門でずっとやっていて、教えてもらえなかった。修業といっても全部教えてもらえるわけではなかった。

また、カステラを習いにきたのに肝心のカステラは難しいから親方が自分で焼いていて、一度も焼かずじまいだった。

味噌松風も焼いたことがない。岐阜市では不思議なくらいどの店でも味噌松風を焼いていたので、長崎屋は自分のところで焼かずによその店から取り売りでまかなえた。だから味噌松風も教わらなかった。

五年間長崎屋で世話になって、いろいろ教わりながらほんとによくしてもらったが、カステラを焼けなかったのは致命的だ。先輩はカステラをいっぱい失敗するとその分給料から引かれると言っていた。村瀬は中学校を卒業してぽっと行ったのだから、何も知らないし技術もない。いろいろやらせてもらえないのも無理はない。あんこ、カステラ、味噌松風を教わらないままで修業を終えた。岐阜で成人式をしてから郡上へ帰った。

郡上へ帰り父とともに

郡上へ帰ってみると飴屋から始めた父親は、卸売り中心ではあったが何種類ものまんじゅうを作っていた。村瀬が二十歳のときで、母親の美智子もまんじゅうを包むのを手伝っていた。父は八十歳まで工場に立っていたが、八十八歳で亡くなった。

帰ってきて、配達はしなきゃいけないし製造もいろいろするし、けっこう忙しくてとても一人で店はできなかった。父の手助けがありがたかった。仕事の量をこなすのもそうだが、父親があん炊きなどいろんなものの作り方を習得していたことが大きかった。

あんこを自分で炊いてみたが、やっぱり難しい。炊きあがってすぐの加減と時間を置いてまんじゅうに包むときの加減が違うので、どうにもその按配が難しかった。

父親の時代は卸だから、日持ちがするようにわりあいに硬く炊いた。硬く炊くということは、長い時間炊いて水気を飛ばしてしまうので、釜のなかのあんこが重くなる。あん炊きは機械ではなく手掻きで炊いていたので重労働だった。七十センチか八十センチくらいの長さの木のへらでこねる。櫂と呼んでいる店もあった。船を漕ぐ櫂に似て先がしゃもじのように平たくなっていて、持つところは太い。それで一時間ほどずっと焦げないように掻き回しているのだから、相当つらい。

村瀬が勤めていた長崎屋は手ではなく飛行機のプロペラみたいなもので回していた。最初に水と砂糖とあんこを四分の一くらい入れて、ある程度炊く。それがぐつぐついってきてから残りをぶち込むと、底のほうがすでによく混じっていて焦げにくい。岡女堂という店は砂糖もあんこも一緒に入れてプロペラで炊く。プロペラだとそれができるが、手だと疲れてしまうのでとにかく焦がさないように、均一になるようにずっと回していなくてはならない。

あんこの種類によって炊き方に違いがあると同時に、やはり店ごとに炊き方には違いがある。村瀬は自分では炊かせてもらえなかったが、機会があればよその店のやり方もよく見ていたから、いまでもそれを覚えている。

さらに、どういうまんじゅうを作るかによってもあんこの種類と炊き方が変わってくる。父村瀬治郎はあんこと砂糖の相性に気を配ったから、白双糖、グラニュー糖、三温糖、上白糖の四種類の砂糖を使い分けた。日持ちをさせる六方焼き、茶通、最中、落雁などに入れるあんこは砂糖を通常より多くする。砂糖が弱いと水分があんこから逃げていき、皮がべたべたになってしまうので、砂糖とあんこの量を同一の割合にする、業界用語でいう同割りにする。水飴を加えるねきあんも同割りにする。甘くしすぎないで日持ちして、かつべたべたにしない工夫もいろいろあって、寒天や水飴を入れたり、またそれぞれの分量はいっしょでも硬く炊いたり軟らかく炊いたりできる。

ちなみに、両月堂の割合を聞いたところ、こしあんは粉のあんこ二貫四百匁に対して、砂糖五キロ。粒あんは小豆四百匁と同量の水と砂糖四百三十グラム、あんこと砂糖の割合はほぼ六対四という答えが返ってきたが、重さの単位に尺貫法とメートル法が見事に混在していた。換算して数字を出してはみたが、とうとう理解できずじまいだった。

ガス以前の火力

たかだか五十年前のことなのに、現在では想像できないことがいくつもある。両月堂でまんじゅうの蒸し器に蒸気を当てる湯を沸かしていたのは、電気でもガスでも灯油でもなくおが粉《こ》だった。おが粉というのは漢字で書くと大鋸《おが》粉。製材所で使う大きな鋸で材木を挽くときに出る細かな木くずのことであり、おがくずという言い方もある。製材所では木っ端やかんなくずとともに大量のおがくずが出る。風が吹けば飛び散るし、雨が降ればぬかるみ同然になる。使い道としては薪で風呂をたくときの補助的な燃料くらいにしかならなかった。捨てるのに困るのだから、もらうのは無料だ。そのおが粉を燃料にしていたので、まんじゅうの一日の生産量は限られていた。水が豊富で、砂糖も小豆も小麦粉もぜいたくに使っていたが、おが粉だけの火力で作る量には限りがあった。

昔ぃ、火力はおが粉やもんで、そんなには仕事はでけなんだです。そこに製材所があったんで、製材所からおが粉をかますに詰め込んで背中に負ってぇ、かますにロップを上と下と二本渡して持ってきて、ドラム缶に詰めるんです。ちょうどこういう大きさのドラム缶……あれを工場のなかにこう埋めたったですね。ほんでぇ、これぐらいの丸太を芯棒にして真ん中に立てといて、その縁におが粉をこう入れるんです。ここをどんどんどん突くんです。それをちぃと固めては、またおが粉を入れて上までいっぱいに入れるんです。そして芯棒を上から抜くんです。抜いてもきちきちにおが粉が詰まってますから、穴は崩れんと煙突代わりになるんです。そいで下から火ぃつけてやるとそこから火が出るんですよ。

郡上言葉と専門的な言葉が入っていてわかりにくいので少々補足しよう。

村瀬が小学校時代にかくれんぼや鬼ごっこをしていた絶好の遊び場が店の近くにあった製材所である。山から切り出したままの太い丸太や皮がついた原木、大小さまざまな板がたくさん積まれていたり立てかけられていた。製材所は危ないから近寄るなと言われても、子どもにとっては魅力的な場所だった。

村瀬の仕事は夕方に製材所へ行って、おがくずをもらってくることだった。かます（むしろを編んで袋にしたもの）におがくずを詰めてロープ二本で背中に背負って運んだのだが、それを詰めるドラム缶は二百リットル入るので、かますも四つや五つは運んだと思われる。工場にはドラム缶が埋め込んであり、真ん中に丸太の芯棒を入れてあった。芯棒はあとで抜いて煙突の役割を果たすためである。芯棒の周りに下のほうからおがくずをぎゅうぎゅうに詰め込む。棒で突いて固めていって、またおがくずを入れて固める。ドラム缶のぎりぎりいっぱいまで詰めると、芯棒を少しずつ引き上げて抜く。そしてドラム缶の下に開けてある空気口のおがくずに火をつけると燃えだす。

おが粉は挽いたばっかしの乾燥したヤツをもらってきて使いました。真ん中の丸太の穴が煙突の役割をしてよう燃えるんです。下に火の調節口があって、炭のあれ、七輪コンロといっしょで、

昔の道具

空気穴を細めりゃぁ火が弱ぉなるし、広げりゃぁここの火がどおーっと上がってくる。ドラム缶一杯のおが粉で一日分の蒸し物はいっぺん分やなぁ。おが粉がのうなってまうもんで、一日そんだけやりゃぁ終わりですよ。あと、火がついて火事にならんように栓して。ほいでまたぁ、その日の夜、おが粉を取りにいって詰めるんです。ドラム缶の上にはこんなお釜の大きいヤツが置いてあって、お釜の上に穴の開いた板を載せてそこから蒸気が噴き上がるんです。その上に蒸し器、蒸籠《せいろ》ですね、を置く。そんで釜の湯がのうなるとあかんで、湯は三十分か五十分で継ぎ足して、また一から沸かして、僕んたぁ奉公へ行っとった先の岐阜の店も一九六二年、六三年（昭和三十七、八年）はこのお釜やったです。

あまり熱心にしゃべったせいか村瀬がせき込ん

菓子型

だ。奥さんがお茶を持ってきて楽しそうに笑う。年の離れた旦那をいたわる世話女房で、いつもながら仲のいい夫婦だ。

「こんだけしゃべったことがないんですよ、この人は」

「そんやなぁ、いつもは黙って仕事しとるで、あっはっは」

「一気にしゃべるもんで咳が出るんやて。ゆっくり落ち着いて話しなさいよ」

「はい。気をつけます。そうですなぁ、薪は使ったことないですね。豆腐屋さんもおが粉を使ってみえたです。豆を茹でるのになぁ。ただ燃えたおが粉の火の粉が上がっていくもんでな、火の用心に気をつけなあかんかったです。それから灯油にして、さらにガスにしたんです」

お茶でのどを潤して話は続く。

金属製球団機

3　失敗名人

カステラが焼けない

向こうへ行っていっぺんもカステラを焼かしてもらったことがない。帰ってきて見よう見まねで自分とこの窯で焼こうとしたのですが、岐阜の店と自分とこのでは、ミキサーの加減が違うし、オーブンの熱の具合もわからんかったですから、下が焦げて上が白いっていうかなんというか、最初は完全な失敗です。自分が岐阜から持って帰ってきたものは、いったい何やろうって思いましたね。五年の修業は短かったです、良くも悪くも短いんや……。

失敗は最初の一回だけではなかったです。カステラは何十回も失敗しとります。私の

工場内1

工場内2

カステラの失敗は技術不足です。いちばんは窯から早う出しすぎたんです。もうちょっと我慢しとりゃぁなかまで焼けたかもしれん、ということがけっこう何回もあるんです。下火が強うて上と下に落差があって狐色ぐらいになっても、下火が弱いとなかがういろうみたいに生っているからものにならん。この失敗は何べんかやっとります。結局真ん中が生ってみたり。

カステラを焼くときに使う道具は、下、中、上と三枚の木の枠があるんです。一枚目は泡切りしたりなんかするいちばん肝心な枠です。二枚目には鉄板を載せる。そうすると鉄板に伝わった温度で生地の上のほうと鉄板の間が早う焼けてくる。そして次に二枚目を外して三枚目の鉄板を載せるんです。この鉄板を載せるのが、噴くあれによって違うもんで、ちょっと遅いと二枚目を載せたときに膨らんできたカステラの上の部分が鉄板にひっついてまうんです。そうすると皮がめくれてまって、どうにもあれにならん。

もう一つはある程度火も強うないとあかんし、ほんでぇ、あのー焼くときに火が強すぎると、時間を見とって蓋取って見るんやけど、上が焦げてしまい、炭になってしまう。これがいちばん多かったですね。あと、さっきの上と下の分離せるやつとぉ、生るやつ。これは最近でもようある。

最近でもまだ失敗するというのが、日本一うまいよもぎ求肥を作る両月堂の店主であり、この道五十年のベテラン職人なのだ。この人が意外にも失敗名人であるというのが面白い。村瀬の父が岐阜に修業に出したのは、郡上にカステラを作っているまんじゅう屋がなかったので、いち早くカステラを商品化しようと考えてのことだったはずだが、村瀬は岐阜の修業先でカステラを焼かせてもらうことはとうとうなく、ほとんど独力でゼロからのカステラ焼きだった。

なにやら専門的な話も出てきて難しいが、カステラを焼くのはたいへんだということがよくわかると思うので、実際にカステラを焼く電気オーブンの前に立ってなかを見ながら説明してもらったことをなるたけ忠実に再現する。両月堂にはコンピューターで温度管理をするような最新の機械はまったくないし、庫内温度もはたして正確かどうかもあやしい。機械を見ると、多少失敗するのも無理はないと妙に納得する。

火力はあそこにあるボチンボチンとするダイヤルちゅうんですか、あれを右や左に回して調整するんです。勘じゃなくて目盛りで調節します。

それが電熱なんですが、この下にニクロム線がありますわ、そいつで鉄板を熱くしてカステラを焼くんです。二〇〇度なら二〇〇度、だいたいあれは三〇〇度ぐらいまで上げるんですよ。蓋をしたら二五〇度くらいに下げて、そこの目盛りの温度になったら、そのまま、ちいとあとまで保っといて電気を切るんです。まあ、ちょっと温度を落として、生地を入れるときにだいたい二〇〇度ぐらい。そうするとなかのレンガが余熱をまだもっとるもんで、それ以上には落ちんですね。だいたい二〇〇度そこそこで焼いていきよるんですけど。

よその店でやってみえるのは一時間そこそこなんです。ただちょっと自分は我流で変則的にやるもんで、よけいにいろんなことが起きるんです。そんなもんでカステラは二時間かかるんです、焼くのに。

これが村瀬の温度管理の方法だが、「ちょっと」という言葉と「だいたい」と「ちいと」という表現が話のなかにたびたび出てくる。この言い方は相当アナログで、話を聞いていると気持ちが穏やかになる。むろんそれだけではすまないこともあるようだが。

両月堂の電気オーブンは熱源が上下にある。一昔前のトースターのようにニクロム線が裸でむき出しになっていて、それが熱源になっている。下のニクロム線の五センチぐらい上に鉄板を置き、上の鉄板は三枚の木の枠の上に少し時間がたってから置く。

カステラ生地はクッキングシートを敷いた枠に流し込んであり、その枠を下の鉄板の上に置くが、それでも直接だと熱すぎるので、鉄板の上に何枚もの新聞紙と砂糖袋でさえぎりを作って断熱する。これが生地の底を焦がさないための村瀬流の工夫である。新聞紙も砂糖袋も長いこと使っているので焦げてはいるが、燃えないのだそうだ。

そして枠のなかの生地は泡切りというカステラ製造だけの独特の工程を施される。生地のなかに気泡があると、食べたときに食感が悪くてカステラの舌触りが損なわれるので、生地にスキッパーと呼ばれる道具で切り込みを入れたりかき混ぜたりする。スキッパーは横十五センチ、縦十センチほどの、持ち手が円筒形になっているステンレスの板で、パンやケーキの生地を切るのに使われる。

奥さんが工場をのぞきにきたついでに一言。

「この人の焼いてくれるカステラはけっこう評判がいいもんで、お客さんから「今日はカステラありますか?」って言ってもらえるのになかなか焼いてくれんのです。いろいろ工場で起きすぎなんですよ。ねえお父さん、そうですよねぇ。お父さんが失敗すると大笑いしたり、あきれたり、ため息ついたり、私は私なりに忙しくて忙しくて」

やっぱり楽しそうだが、旦那は知らん顔で話を続ける。

工夫は成功も失敗も呼ぶ

卵なんです、問題は。割りを黄味と白味を半々の同割りにしたんです。普通の卵は卵黄と卵白の割合が四対六になっています。黄味が少《すけ》のうて白味が多いんです。私はちょっと味に深みを出そうと考えて黄味を増やして同割りにしてカステラ生地を作りよったんです。それなら珍しいからお客さんにも多少高く買ってもらえるんでないかと。そしたら、初めのうちはどうも配合が違うんでうまく焼けんと失敗しました。焦げ付いたんです。

そいでぇ、いっぺん日清製粉だったかへ、うちの町の菓子屋さんと一緒にカステラの作り方を習いにいったんです。その人は窯を買ってミキサーを買ってこれからというときに習いにいったんです。私はそのとき焼いてはおったんだけど研究がてらついていってみたんです。

参考までに、日清製粉の「全国粉料理MAP」からカステラの話を抜粋しておこう。

「卵をよく泡立てて、そこに砂糖、水飴、小麦粉を加えてつくるのは昔から変わらず、砂糖が豊富だった貿易港、長崎ならではの製法と言えます。スポンジケーキとよく似ていますが、いちばんのちがいは牛乳やバターなどの油脂をいっさい使用しないこと。またベーキングパウダーなどの膨張剤も使いません。あの独特のふっくら感は大量の卵をよく泡立てること。そして、しっとり感は砂糖や水飴によるものです。

　カステラを味わっていると、シャリシャリとした心地よい歯ざわりを感じることがありませんか？これは、生地に溶け残ったザラメ糖です。カステラはふつうの上白糖のほか、ザラメや和三盆、水飴など、いろんな甘みを組み合わせて使用することがあり、それら配分は各老舗の秘伝となっているようす。今もすべて手づくりという製法にこだわる老舗も少なくないと言います」

　実によくわかる説明である。傍点を付けたのは、なにげなく食べているカステラが相当奥の深いお菓子だと思われるからである。そのときに村瀬に教えてくれた人が、「カステラを焼くときは卵百に小麦粉五十が普通ですが、卵百に対して小麦粉が四七パーセント以下に落ちると難しい」といっていたが、村瀬はその数字の限界ぎりぎりでやるので二時間もかかるし失敗も多い。小麦粉を増やせば硬くなり、減らせば膨らむけれどあとでシュポッと収縮する恐れがある。村瀬は、卵黄と卵白の比率を変えるとか、小麦粉の比率を下げるとか、ベストを求めて何度も何度も研究を重ねてきた。一言で失敗といっているが、工夫と研究を繰り返してきたのだ。

失敗したカステラ

五十年ぐらい前のことやから白状しますが、失敗したカステラは水で溶いてどろどろにして、うちのそこに小さな川があるんで、夜、バケツで流しました。親に見つからんように流しました。いまは焼却場用のごみ袋で出すんですが、何が入っているのかと思うくらい重たいので、なん袋かに分けて出しています。ええ、いまも失敗します。売り物にならんヤツは、これはこういうものやと説明して友達や親戚にやったりして食べてもらいました。味は、自分で言うのもなんですが、一級品ですからうまいです。いろいろやりすぎるもんで失敗するんですよね。

研究した結果の失敗もありますが、そうでない失敗もあるんです。最近の失敗は居眠りです。窯入れしといて居眠りしとったです。焼き上がるまでにけっこう長時間やもんで、待ってる間に他のことをすればええんですが、いっぺんに二つのことができんようになってきましてね。前はできたけど。若いうちは焼いといてご飯食べて、焼き上がったらまた次のを焼いて風呂へ入って、一日に五杯くらい焼いておったです。もう年とったら一日に一杯しか焼けん。その貴重な一杯ですから、失敗せんようにと窯に入れといてタイマーかけとるんですよ。くたびれてるもんで心配なんで、タイマーが鳴ったら窯から出そうとしているのに、タイマーかけて居眠りしたんです。ほいで焦げ臭い匂いがするんで開けてみたら、もうはや焦げとる。郡上おどりの保存会やっとるときも焦げたとこだけはねて持っていったらみんな食べてくれた。失敗したとは言えんで、みんなには「茶菓子を持ってきたぞ」って。

味噌松風の失敗

郡上八幡産業振興公社のウェブサイトには両月堂の味噌松風が紹介されている。

「郡上八幡で愛される和菓子処『両月堂』が郡上地味噌・郡上八幡のおいしい水・砂糖・小麦粉・白味噌・卵などをつかい焼き上げた和風カステラです。郡上地味噌の風味、程よい甘みとしっとり感。日本茶、珈琲のお供に」

この味噌松風でも信じられないくらい次々に失敗談が出てくるが、岐阜での修業中には教えてもらっていないのだから失敗するのもやむをえないのかもしれない。本人は「岐阜で焼いたことがないものを我流でやったんで、初めのうちは失敗しましたが、いまはそんなに失敗しない」と言っているが、「そんなことないですよ。ついこないだもやってましたよ」と奥さんが登場する。不思議なことにご主人が失敗談を話すと奥さんは妙にうれしそうに見える。

そう言われりゃそうです、まだ一年たってないですなぁ。味噌松風は郡上の地味噌と白味噌を入れて焼くんですが、白味噌を入れんと焼いてしまったんです。なんで失敗したかというと、ちゃんと白味噌を台の上に出しといたんです。こっちでミキサーして、どんどん進んで、窯入れて、火ぃつけて、……あれ、ここに白味噌が残っているけど、なんでや！と思いよったですけどしょうがない。郡上地味噌は入っているし、食べれるけど商品にはならん。いまさら止めてもしようがない。焼き上がって食べてみたら、まずくはない。勘考して、おふくろが病院に入っとるもんで、病院の看護師さんに「頼むに助けてくれ」って持っていって食べてもらいました。失敗すると材料がもったいない。できた品物ももったいない。それに時間ももったいない。しかし、なにより注文を受けて作っているんだから、また作らんならん。あああ、ってもんですな。アハハハハ。
フルーツケーキに砂糖を入れんと焼いたこともありました。どうも焼く系統のものに失敗が多いですね。「売りもんにはならんから捨てる」と言ったら、息子が「もったいない」と言うんです。「小麦粉が入っているしバターも入っているし膨らし粉も入っているしフルーツまで入っている。砂糖だけが入っていないのだから、パンの代わりになるはずや」と言うて食べました。フルーツパンですわ。うまかったです。この失敗はいっぺんだけですが、まんじゅうの失敗はしょっちゅうです。

まんじゅうはほとんど毎日作っているのにぽかっと失敗するんです。薬を忘れるんです。小麦粉にイスパタという膨らし粉（イーストパウダーのこと）を入れんならんのですが、前は小麦粉段階で薬を混ぜたんですが、小麦粉を使うのが最後なもんで、何回か入れ忘れたことがあったので、いまは砂糖と水の段階で入れるんです。そうすると忘れないはずなんですが、途中でお客さんが来ると応対している間に入れるのを忘れてしまうんです。まんじゅうなんて簡単なもんやと思われるかもしれませんが、入れるもんがたくさんあるんで、砂糖、小麦粉、膨らし粉、松風は味噌と味醂入れて醤油入れて、昔の調剤薬局の薬剤師くらい入れんならん。

まんじゅうは蒸しすぎると縁がひび割れる。蒸し足らずは底が固まる。薯蕷饅頭は底が粘ってまう。それもいっぺんやったことがある。まあひととおり失敗してますなぁ。ちょっと最近、失敗は収まった。工場で私が「あっ」と言うとうちのやつが、「お父がまたなんぞやったかしらん」って、仕事場のぞきにくる。失敗するとみんな嫁さんの口に入るので、嫁さんがちょっとも痩せん。多少なりと反省はするが、誰しも失敗はあると思うんやなぁ、これが。嫁さんは「失敗は誰でもあるではすまんでしょ」って言うけど、また失敗するんやな、これで。

なんとも天真爛漫な旦那だが、失敗の裏には新製品の開発と本人なりの改良の跡が見て取れる。顔と頭がまん丸お月様で性格もまん丸な両月堂の店主である。

4　両月堂の未来

まんじゅう屋の心

明子さんが笹の葉に薯蕷饅頭を載せて出してくれた。木の盆には抹茶だけではなく桜湯も添えてある。何かと気遣いが行き届いていてうれしい。

まんじゅうは単なるおやつなのだから、食べる場所も時間も気にせずに気楽に食べればいいのだが、郡上という水のきれいな小さな町はおいしいまんじゅうを作り、それを売り、そして味わうためにあるような町である。気取らず堅苦しくなく、やかましくなく、人の気持ちがゆるやかに伝わる町だ。

まんじゅうを抹茶でいただいていると店主の村瀬孝治が煙管《きせる》を取り出し、雁首の火皿にきざみタバコを詰め始めた。パッケージには宝船が描かれていて、その横に時代劇に出てくる町人風の男があぐらをかいて煙管でタバコを吸っている図案である。

これは宝船という銘柄なんです。中学校を卒業してすぐにタバコを覚えたんですが、いまはこれが気に入ってるんです。ほとんど吸わないですが、一日に一回か二回。吸える場所もほとんどないですしね。ベルギー製のタバコで普通のタバコよりも安いんです。

この羅宇《らお》はそこの川原に生えている竹を自分で取ってきて使っているんです。なかなかぴったりの太さのものがないのですが、それはそれで自分で細工するのも楽しいんです。

ちょっと火ィつけますね。変わった匂いなんです。パイプタバコのように甘ったるくもないですし、ぜんぜんタバコ臭くないんです。

羅宇は吸い口と雁首をつなぐ筒である。一九五五年ごろ（昭和三十年代）まではピーッという音を立て、「羅宇屋〜〜〜煙管〜〜〜」と呼び声を上げながら羅宇の修理や掃除をする職人がいたものだ。村瀬孝治は自分で自分の羅宇のすげ替えをするのだから驚きである。この人はとにかく創意工夫することが根っから好きなのだろう。煙管できざみタバコを楽しみながら夢見るような表情にいまの気持ちが表れている。

村瀬のいまとこれから

村瀬孝治は一九四七年（昭和二十二年）生まれ。このところ足腰が少々弱ってきて、痛むことがある。

まんじゅう作りは、一日に何回も砂糖や小麦粉の二十五キロ入りの重い袋を運んだり持ち上げたりしなければならない。炊き上がったあんこや搗き上がった餅はとても重いし、うっかり触ればやけどするほど熱いから細心の注意が必要である。工場は狭くて無理な姿勢をしなければならないことも多く、一日中立ちっぱなしでもある。想像以上の重労働で、足腰には大きな負担がかかる。

ついでに大きなお世話を言っておく。村瀬は両月堂の店主にふさわしく顔と頭の二カ所が丸くて二つの月に見えるうえに身体も丸い。つまり体重が重いから、脚にかかる負担がさらに大きくなっているのは間違いない。

肉体的にはまんじゅう作りはギリギリのところに近づいているのだが、まだ後継者問題は片付いていない。両月堂の固定ファンには店を閉められては困るという声が多い。店主とおかみさんは、「いまはスーパーでもコンビニでもおまんじゅうを売っているからお客さんが減ったし、そもそも菓子に飢えているってことがなくなっています。惜しいといわれますがやっと続けている状況です」と少しうつむき加減になる。

両月堂のお客は観光客と地元の人々だったが、地元八幡町のお得意は少なくなり、むしろ大和や明《みょう》方《がた》や和良《わら》という少し離れた町のお客が多い。おやじさんが卸していた母袋《もたい》の百貨店の息子さんがひょっこり買いにきてくれたり、お客の層が微妙に変化している。卸で始まった商売の縁が思わぬ時間を経過した現在も生き続けているのである。

郡上市中心部の観光客が多い場所で営業していたまんじゅう屋が廃業してラーメン屋になった。後継者の息子は奈良で修業してきて本格的なまんじゅう作りを始めたのだが、親子で意見が食い違い、

店頭

奈良仕込みのまんじゅうは郡上では合わないということになって転業した。しかし、そのラーメン屋さんは大繁盛して行列ができている。世の中の移り変わりとはそういうものだろう。

両月堂の夫婦はこれからのことをあまりはっきり語らない。「自分は好きで始めた仕事だから、なんとも思わないが、これだけのことを教えるのはたいへんだし教えられるほうも簡単ではない」と、このまま一人で工場をやるように受け取れる言い方をするがはっきりしない。

新製品

それなのに、毎月のように新しいまんじゅうを考案するのはお客からの要望なのだろうか。結局はまんじゅう作りが好きなのでやめられないのだと思われる。

きっかけというほどのことはなくて、いつも偶然に新製品はできるという。「芋の菓子は郡上そだちの黄味餡が残ったので、それを使うことを考えているうち、大きい芋の菓子はあるが小さい一口サイズのものがないので思い付いた」

水まんじゅうの種に桂皮抹を入れて作ってみたが、奥さんからは、「この人はなんでも肉桂《にっき》さえ入れればいいと思っているんです」と手厳しい批評が出た。自分でも確かに肉桂を入れすぎたと反省して没になったが、いずれにしても「新商品を店で売るかどうかの最終ジャッジは奥さんがする」と言って亭主は頭をかく。

夫婦の意見が一致したのは、最近作った自然薯まんじゅうである。奥さんの友達のお父さんが九十二歳になるのに木曾川の砂地で自然薯を育てていて、それが香りがよくてコクがあるので使ってみたところ文句なしの自然薯まんじゅうができた。皮を一緒に擂《す》って入れてあるから、色は黒いがうまい。ただ、長芋に芽が出てしまうと腰が抜けてしまうので、作れる時期が限られている。

しかし新製品を作ってもうかるようになるまでにはなかなかいかない。村瀬は「私の道楽ですね、お客さんがいつもおんなじものでは飽きがくるのといっしょで、こっちもいつもおんなじもんばっか作っていたんでは飽きる」と言いながら、きざみタバコを吹かした。

郡上生まれの郡上育ち

両月堂のヒット商品である「郡上そだち」はうまいから売れるのだが、やはりネーミングのよさを忘れてはならない。「郡上」と「そだち」はごくありふれた言葉だが、それが二つくっつくといっぺんにイメージに広がりが出る。

村瀬孝治自身が郡上生まれの郡上育ちである。

この町で育ちよったですが、あんまり子どもの時分の思い出はないですね。川へは泳ぎにいきましたが、他の子どもんたみたいに、あんな高い橋の上から飛び込むのは苦手で、よう飛ばなんだです。平泳ぎができる程度やから、もっと下流で泳いでました。魚釣りも子ども同士で、はやは釣ったですが、鮎掛けはやったことないです。

郡上おどりは、ひととおり踊りましたし保存会に入って笛を吹いていました。嫁さんもらったときには吹いとったです。そのころの写真が残っていますが、細くて髪がふさふさしてました。笛は五十八歳くらいでやめましたから、三十年ぐらいやったですね。そのあとは事務方で五、六年免許状書きをしていました。観光客のなかで踊りの上手な人を探して免許状を交付するのですが、保存会長から「あんたは字ぃ書けるんやから書いてみよ」って言われたんで、免許状の名前を書くことを少しの間やりました。もともとおやじが、「お客さんが「淋し見舞い」とか「お供え」とかの名前を書いてくれと言われるんで、習字習いにいけよ」って言って、それで習いにいっていたんです。

郡上らしい名前の新製品は

人はそれぞれ違う風景のなかで育つものだが、鮎と踊りと清流の町である郡上には、町が育てる何か共通したものがあるように思える。

それを菓子の名前にして、おいしくて面白い新製品を作れないものだろうか。例えば「まめやったかなぁ」「郡上のえくぼ」「郡上の夢」なんていうお菓子ができないものだろうか。

「郡上の嫁ご」「郡上の少年」は両月堂の夫婦のイメージである。郡上の少年だった村瀬孝治のまんじゅう職人人生は郡上の嫁ごになって嫁いできた明子さんと一緒に歩いてきた人生だ。自分たちの自画像をまんじゅうに託してみてはどうだろう。

郡上のことだろうかと思える風景を与謝蕪村が句にしている。

鮎くれて　よらで過行《すぎゆく》　夜半《よは》の門《かど》

打ち水をした庭から川風が通る夏の宵。縁側で蚊遣りを焚いて涼んでいると、門のところで人の気配がする。声を潜めて自分を呼んでいる。

「おーい、ちょっとここへ来てくれんかなぁ。夜ぶりの鮎のお裾分けだ。活きがいいから桶に入れておけば明日まで大丈夫。昼に塩焼きにして食べてくれ」

「それはありがたい。とにかくこっちへ上がれ。寝酒をやろうと思うて井戸に酒が冷やしてある。一緒にやろう」

「いや今夜は遅い。また寄るわ」

「そうか、ほんじゃまたなぁ」

と友を見送る夜更けの光景。
「夜の鮎」という菓子はどうだろう。形は鮎か魚篭《びく》か篝火《かがりび》をモチーフにし、色は跳びはねる鮎の銀色か炎の赤色にする。甘さを極端に抑え寒天か求肥を使う。なんとなく艶っぽいお菓子になりそうな雰囲気があるのではないか。

酒樽と心中した祖先

ごく最近のことだが、両月堂夫婦が「才兵衛の酒まんじゅう」という新製品の研究を始めた。夫婦を駆り立てているのは「郷土文化誌　郡上（第四冊）」（一九七四年）という古い雑誌に掲載された「小駄良才兵衛」の物語である。これは「新愛知」という「中日新聞」の前身の新聞社で社会部長を務めた藤田清雄氏が寄稿したエッセーで、郡上市で知らない人がない小駄良才兵衛という人物のことを描いたものである。

才兵衛は村瀬孝治の六代前の祖先なのだが、そのことをあまり大っぴらにしてこなかったのには訳がある。郡上おどり「かわさき」の歌詞に登場する実在の人物だ。

〽心中したげな　惣門橋で
小駄良才兵衛と　酒樽と

心中したというのは穏やかではないが、相手は女性ではなくて酒樽なのである。才兵衛さんは誰か

道具

らも好かれるひょうきんな人柄で酒が大好きだから、町を通りかかるとみんなが酒をふるまってくれる。ある朝、才兵衛さんが惣門橋の下で倒れているのが発見された。死んでいたとも眠っていたともいわれるが、一致している話はかたわらに三升樽が転がっていたということである。現在の惣門橋は川からの高さが三メートルぐらいはあるが、昔は川に飛び石がいくつかあってその上に板を渡してあり、大雨のときは板を外して岸に引き揚げた程度の浅い川で、溺れるほうが不思議なぐらいだ。

藤田氏の記事によると才兵衛は幕末の安政三年（一八五六年）が没年で、その四代あとが武蔵《たけぞう》、その子が治郎で村瀬孝治の父親である。昔のことで家督相続第一だから何度も養子縁組がなされていて村瀬孝治と小駄良才兵衛に血のつながりはないが、戸籍上村瀬孝治が六代目の戸主であるのは間違いない。

両月堂看板

ではなぜ、そんな有名人の子孫であることを黙っていたのか。それは村瀬のおばあちゃんのい乃が子どものときから、「お前はあれやで、ひと様に言うたらいかんぞ」と言っていたからである。そのあれというのが、お前は酔っぱらって橋の下で酒樽抱えて死んだ小駄良才兵衛の子孫だぞということだったのだ。村瀬孝治は小学校のときにはこのことを誰にも言わずに通してきたが、一九七四年にこの雑誌が出てからは公然の秘密になってしまった。

孝治は妻の明子に止められているが、焼酎の四リットルボトルを五日で空にするほどの酒好きで、まるで小駄良才兵衛の生まれ変わりといってもいいぐらいだ。

明子さんが両月堂の物置の奥にこの雑誌があったことを思い出して夫婦で読み直している間に、ご先祖様である小駄良才兵衛にちなんだ新しい酒まんじゅうを作ってみようと思い立ち、村瀬の職人魂に火がついた。両月堂には評判がいい酒まんじゅうがすでにあるが、才兵衛酒まんじゅうにはなにか新しい工夫をして別の酒まんじゅうを作りたいと考えている。明子さんも「やりましょうよ」と大いに乗り気である。完成した才兵衛酒まんじゅうを早く食べたいものだ。

食べて楽しいまんじゅう

食べるということは舌とのどと胃を満足させる行為であるのはいうまでもないが、村瀬が作るまんじゅうはなんともいえず気分をよくしてくれる。気持ちに余裕を作ってくれる。心に染みると言ってもいい。

秋の夕暮れに老夫婦で食べるもよし。

小春日和に孫と食べるもよし。

盆と正月に帰郷した息子夫婦と食べるもよし。

生活の小さなひとコマにそっと登場すればいい。

気取った花でなくてもいい。夏なら朝顔、ダリア、カンナ、グラジオラス。秋ならコスモスやナデシコ。春ならスミレとタンポポ。

両月堂の村瀬孝治が作るまんじゅうは心をなでてくれるまんじゅうだ。

和菓子のマイスター　小木曽進

1　一九四四年（昭和十九年）十二月十三日名古屋空襲

名古屋を襲ったB29

和菓子屋楽庵老木《らくあんろうき》やの小木曽進の物語は、思いもよらぬことから始めなければならない。

一九四五年（昭和二十年）五月十四日のことだった。

満七歳の小木曽は、南南東方向に巨大な炎が立ち上るのを見て、その炎の輪郭が何度も遊びにいった名古屋城だとわかった。城のうんと上のほうまで真っ黒な煙が勢いを増して上がっていったと思った直後に城の形がそのままでガサーッと崩れた。名古屋市北区大曽根に住んでいたが、市街地にも容赦なく爆弾が落ちてくるようになって、小木曽は母の実家がある西区平田に預けられていた。その家からはっきり名古屋城が燃え落ちるのを見てしまった。

一九四四年（昭和十九年）十二月十三日からB29による爆撃が始まった。

その日は昼過ぎに空襲警報が鳴って、ほとんど直後にB29が飛来してきた。小木曽の家から東南東八百メートルの距離に三菱重工業名古屋航空機製作所大幸工場があった。現在はナゴヤドームがある場所である。

アメリカ軍がこの工場を標的にして八十機の戦略爆撃機B29から百八十六トンの爆弾を集中投下したのは市内の軍需工場を壊滅させる目的だった。九十九万平方メートル（三十万坪）近い敷地で月間千五百機もの航空機を生産していたのだから、アメリカ軍が攻撃目標にしたのは戦略上当然といわざるをえない。大幸町の工場は、都合四回の集中爆撃で跡形もなくなった。そのほか大江の飛行機工場や関連の機械製作工場にも執拗な空襲を続け、名古屋市内と周辺のすべての機械関連工場の生産機能を奪った。

一九四五年一月三日からは、軍需工場だけではなく国民の戦意喪失を狙って工場近くの西区の住宅地へも容赦なく焼夷弾を降らせた。名古屋の中心部の栄や盛り場である大須でも空襲が続き、市街地の大半が灰燼に帰した。三月になると夜間の空襲も始まり、市民は恐怖のどん底に落とされていた。市民に決定的な精神的ダメージを与えたのが、名古屋城の炎上だったのだ。

子どもの記憶

一九三七年（昭和十二年）生まれの小木曽進は空襲が始まったとき七歳だったから、断片的ではあるが空襲の記憶はいまも残っている。警戒警報と空襲警報のサイレンが不気味に鳴り響いてから爆撃機が飛来するまでは、あっという間だった。とりわけ夜間の空襲の映像は強烈に残っていて、照明弾がキラキラキラキラといっぱい落ちてきた。昼間のように明るく空を輝かせたあと、焼夷弾が落下してきた。奇妙な音を立てて落ちた直後に地上で爆発する音が聞こえ、火の手が上がり、猛烈な煙が立ち込めた。

大曽根近辺の人々は上飯田から味鋺《あじま》のほうへと逃げようとした。小木曽少年と妹は母親に手を引かれ、「急げ!急げ!」と言われながら矢田川方向へ逃げた。とにかく軍需工場から少しでも遠くて安全そうな矢田川の土手を目指したが、通りは避難する人々で身動きがとれず、三階橋へ向かおうとしてごった返している。

振り返ると、あちらこちらでもうもうと煙が上がり、恐ろしい炎も見えた。雨あられのように焼夷弾が落ちてきて、工場だけでなく周辺の町が燃え上がっていく。

矢田川の堤防に逃げるのを諦めて、自宅のほうへ引き返した。爆撃された軍需工場と小木曽が住んでいた地域は目と鼻の先だから、戻るのも命からがらである。防空壕へ入ったり、葬儀屋の大きな霊柩車を入れてあった車庫に身を潜めたり、災厄が通り過ぎるのを待つしかなかった。

妹は泣きじゃくった。父は下呂の陸軍病院に入院していたから家にはいない。母が懸命に二人の子どもを守る。怖かった。小木曽はなんとか泣かずに我慢したが、音がヒュー！ドッカンドッカーン！と響き渡り、炎と煙が一瞬で立ち上った。鮮明に覚えているが、もう思い出したくもない。

空襲が終わって、敵機が南のほうへ去っていくのを確かめた。自宅の向こうのほうは一面焼け野原になっていた。あちこちで遺体を見たのも覚えている。こういう経験は一度だけではなく、翌一九四五年（昭和二十年）八月の敗戦まで、名古屋市内の軍需工場と駅などの重要施設はもとより市街地も断続的に空襲された。

大曽根地区はほとんど全部が燃えたのに、幸いなことに小木曽の生家付近の狭いエリアだけが戦災をまぬかれて焼けずに残っている。荒涼たる焼け跡を見れば、この町でもう一度暮らしを立て直すことなどできるとは思えない。人々はがっくり肩を落としたまま、生気が失せた表情で今日の食べ物と明日の生活をぼんやり思うだけで精いっぱいだった。

太平洋戦争最後の数カ月と戦後の長い長い不自由な生活を小木曽は現実に目の当たりにし肌で感じながら、歴史に立ち会ってきたのだ。名古屋空襲を記録する会が出版した『名古屋空襲を記録する』(一九七三年)ほか、名古屋大空襲の記録は中日新聞社や朝日新聞社、毎日新聞社などからも刊行されている。

まんじゅう屋の再興

さまざまな記録で死者七千八百五十八人、負傷者一万三百七十八人、被災家屋十三万五千四百十六戸にもなっているのだから、復興は容易ではなくずいぶん時間がかかった。

父親は戦争末期には防空壕掘りにいっていたみたいなものだった。なにかにつけ真面目だった父は栄養失調になり、岐阜県下呂の陸軍病院に入院していたが、敗戦になってすぐ戻ってきた。

店は燃えていなかったが、菓子屋をやろうとしても材料もなにもない。

父親が最初にやったのはサツマイモを手に入れることだった。小学三年生の小木曽も一緒にリュックを背負って農家を一軒ずつ回り、サツマイモの買い出しを手伝った。燃えなかった六郷小学校の授業は、近くの燃えた小学校と午前と午後で半分ずつ使っていたから、授業ができない時間に手伝うことができた。大曽根から北へ五キロほど離れた矢田川と庄内川を越えて味鋺という村まで買いにいった。

買ってきたサツマイモをふかして、砂糖も何もなしできんとんにした。ふかしたサツマイモをつぶして練って、あんこのように固め、ざるに似た篩《ふるい》に押し付けると、篩の目からひも状になって落ちてくる。それを箸でつまんで形を整えると、上生菓子のきんとんと寸分変わらないものができあがる。サツマイモをふかしただけではお金をもらうことはできないが、このきんとんは甘さは十分だし、形は上生菓子のように上品だから、それなりに値段をつけて売ることができた。

冬はもっぱらぜんざいを作って売った。夏はかき氷で生活費を稼いだが、そんなに簡単には氷が手に入らない。氷屋さんに氷を買いにいくといつも大勢の人が並んでいて、一個か二個売ってもらえると大急ぎで店に戻り、待っているお客の目の前ですぐにかき氷にした。電気冷蔵庫ではなくて氷で冷やす冷蔵庫だったが、そこに入れるまでもなく右から左へ売れてしまった。

名古屋では透明な白蜜をせんじと呼ぶが、これも初めのうちは砂糖がないためサッカリンという人工甘味料を溶かしてシロップにして使っていた。イチゴやレモンのシロップができたのは、もう少したってからのことである。

名古屋でいちばん古くて大きな和菓子屋である両口屋でさえも、駅前で氷屋をやっていたそうだ。

父の仕事

小木曽の父は大曽根で若木屋良恭《わかきやよしやす》という和菓子店を営んでいた。若木屋という店名は、若狭屋という和菓子屋で修業した父が独立するとき、若狭屋の若と小木曽の木の字をとって若木屋と名付けてもらった。

父の小木曽仲男は岐阜県の上矢作《かみやはぎ》という山村で石屋の次男として生まれ、祖父の仕事を手伝っていたが、長男が嫁をもらうことになり、名古屋へ仕事を探しに出た。先に名古屋で働いていた弟が若狭屋を紹介してくれたのだが、和菓子職人になるのはゼロからのスタートだった。

若狭屋は京都が本店だったからお茶用の干菓子などを作っていたが、それだけでは食べていけないので、結婚式の引き出物でよく使われた大きな鯛の落雁を人から教えてもらって作った。

一九三〇年（昭和の初め）ごろで、店に来てくれるお客は少なく、注文が入るとそれを作って配達するのが当たり前だった。店頭に商品を並べてお客が来るのを待つというスタイルではなかった。お茶請けのお菓子をいろいろ研究して作り、近くにある高級住宅街の徳川町へ出前したそうである。朝いちばんにお得意へ御用聞きにいっていた。

切溜《きりだめ》という和菓子や食品を並べて保管したり運ぶための容器があって、そこに何種類かの和菓子を入れて荷台の大きな自転車に載せて何軒もの家を回る。ちょっとした家だと勝手口に菓子箱があり、そこへ菓子を何種類か適当な数だけ入れてくる。奥さんや女中がいれば、入れた品物に過不足がないか、他に追加注文がないかどうか聞くが、なにをいくつぐらい入れておくかは基本的に菓子屋に任されている。

名古屋の中流の上以上の家庭では午前と午後にお抹茶をいただくのが習慣になっていて、毎日上生菓子やお菓子が必要なのである。納品した品物は先方にある通い帳に記録して月末に決済する。他の菓子屋さんも同じように高級住宅地にやってくるので、いつも競争だった。

父は「これだけの需要があれば食べていくには困らない」と言っていたが、小木曽にはどうも合点がいかなかった。

朝から晩まで馬車馬みたいに働く父を見ていて、こんな仕事はやりたくないと子ども心に思っていた。朝四時半に起きてガラガラと戸を開け、夜寝るまで店を開けているような商売は絶対やるまいと思っていた。

夏休みになると、友達はみんな親に連れられてどこかへ遊びにいく。日曜日には海水浴に連れていってもらえるのに、自分の家はそれどころじゃない。働いてばっかりだ。

隣の家で朝食

隣の家は伊藤博文も来店したことがある十州楼というとても大きな料亭で、そこに同級生が住んでいた。小木曽少年は朝起きると自分の家はすでに両親とも働いているので、その料亭に行って朝ごはんを食べていた。学校はすぐ近くの六郷小学校に通っていたが、まともな授業が始まったのは、学制改革が実施されて新しい小学校と中学校になった一九四七年(昭和二十二年)以降のことであり、小木曽は四年生になった。

十州楼には子どもが六人いて、旧制の八高の生徒が家庭教師として教えにきていたから、小木曽も一緒に勉強させてもらった。その八高の生徒が、小木曽が学力優秀で小学校の終わりにはすでに中学校から高校ぐらいの数学をやすやすと解いていたから、「きみは将来アメリカのMIT(マサチューセッツ工科大学)に行くといいよ」と言ったのに感化され、小学校五年生のときに、自分でも将来はMITに行きたいと言っていた。

その八高の家庭教師は「どうせなら中高一貫の有名私立校東海中学へ行け」とも言ったが、親は菓子屋なんかが東海中学へはやれないと取り合ってくれなかった。東海中学・東海高校は海部俊樹元総理大臣や神田真秋元愛知県知事、松原武久元名古屋市長などそうそうたる政治家や梅原猛、木村太郎などの文化人・経済人などを輩出している学校で、東京大学や京都大学をはじめとする旧帝国大学、有名私立大学への進学者数は圧倒的である。小学校の先生にも頼んで親を説得してもらったが、おやじは頑として聞かず、中学校は地元の大曽根中学校へ進んだ。中学校へ入ったときは教科書の数学が簡単すぎて拍子抜けした。

小木曽について勉強のことに紙幅を割くのには理由がある。あとで詳しく書くが、ダイナゴン、E・あんばい餅、桜餅などユニークな和菓子を作った小木曽の発想は、豊かというよりどこかに特殊な閃きがあり、そこに到達する手順に数学的なアプローチの方法が見て取れるのだ。方程式を解くというのだろうか、いくつかの条件と変えたい要素の組み合わせでどんな結果が出るだろうかとある程度机上で考えておいて、それを工場で試みる。そのやり方でずいぶん異色の菓子を生み出したのは間違いない。

小木曽には小学校時代に仲のいい友達がいたが、彼らもまた成績優秀だった。二人は一橋大学に進学し、一人は名古屋大学の医学部でもう一人は名古屋大学の理学部。八高の生徒は小木曽が一生懸命勉強するから一生懸命教えてくれて、算数も数学もよくできた。だがそれもやがて簡単すぎて飽きてしまい、努力しなくなった。一方、国語は、文字をバカにしていたというか、とにかく面倒くさい。ノートなんか不要で教科書にメモすればそれでよかった。文字を書くことがまどろっこしくてしょうがない。なんでこんな面倒なことをやる必要があるのか、と思って途中で勉強をやめてしまった。

鉱石ラジオと電蓄

小学生のとき、電電公社に勤めている親戚のおじさんが不思議なものを見せてくれた。平たい板の上に見たことのないものが載っている。そこから伸びている紐の先を耳に突っ込むと、声が聞こえてくる。鉱石ラジオという最もシンプルなラジオで、これが子どもの心を打った。おじさんの話は少し難しかったけれど、原理も教わった。それから小木曽少年はラジオマニアになっていく。この段階では和菓子屋になる兆候はまったくない。

いくつかの鉱石ラジオを作ってからは、矢場町の電気屋街に行き、電気屋のおやじさんにいろいろ教えてもらいながら真空管ラジオも作った。ラジオは娯楽の王者であり、貴重な情報源でもあった。『三つの歌』『とんち教室』『赤胴鈴之助』『お父さんはお人好し』などの人気番組。流行歌、スポーツ中継、舞台中継、台風情報……、必要なことはほとんどラジオから流れてきた。

隣近所の人たちが、中学生の小木曽少年が自分で組み立てたラジオを見にきて、「それならうちにもそういうラジオを作ってちょうだい」と頼んでくる。小木曽は自分で図面を引いて部品を買いにいっていくつか組み立て、近所のラジオのほとんどを作ってあげた。

もう一つ、小木曽が電気の世界にのめり込むきっかけはクラシック音楽だった。隣の十州楼には当時一般家庭では高すぎて買うことができなかった電蓄があり、その機械で初めて聴いた『トロイメライ』に感動した。戦前のSPレコードを手回しの蓄音機で聴いていたのよりも格段に音質がよく、部屋に広がるピアノの音を聴いて思わず天井を見上げ、部屋のなかを見回したという。電蓄も作ってみたいと思って研究したが、費用と手間がラジオとは桁違いなので実現できなかった。いずれにしても、中学時代は勉強そっちのけでそんなことばっかりやっていた。

理系まんじゅう屋の芽

高校進学が小木曽の人生を大きく動かすことになった。小学校時代からの友人たちは学区にある明和高校へ進んだ。明和高校からは毎年百人ほどが地元の名古屋大学に合格する進学校だったが、電気の魅力に取り憑かれていた小木曽は愛知県立愛知工業高校の電気科へ入った。当時の愛知工高は、進学校ではないのに成績優秀者が集まる狭き門の高校だった。自動車産業と電機産業がいちばんの花形産業だった時代だから、その世界へ就職しようとする者たちがこぞって目指す高校だったのだ。

だが、せっかく希望の高校に入ったのに、一年たったときにしまった、と思った。愛知工高は卒業後に電気や技術系の即戦力になる職人を育てるのが目的の学校で、もう少し深く広く電気の勉強をしたかった小木曽が目指す学校ではないと知ってしまったのだ。

二年生からは学校へはほとんど行かなくなった。親にも「高校をやめて、大学資格検定を受けてすぐに大学に行きたい」と言ったが、「高校ぐらいは出ろ、それぐらいの資格を持っていないとこれからたいへんだ」と説得されて中途でやめるのは諦めた。

高校の試験は友達にノートを見せてもらって一夜漬けでこなした。卒業するのにどれぐらい出席すればいいのかと聞くと三分の一の出席日数は必要だと言われ、計算してその日数だけは出席し、卒業した。

小木曽は六十五年前の自分を振り返って、「自分は独断が強すぎた。もう少し人の言うことを聞いて学区の明和高校へ行けばまともな人間になっていたかもしれない。もっと違うすんなりとした人生を歩んだでしょうが、これも人生なのですよ。こういう人生が開けたんだと思っています」と言った。

そして東京へ

高校を卒業した小木曽はその年は大学受験をせずに、一年浪人したいから東京の予備校へ行かせてくれと頼んで東京に行った。親戚の家に下宿させてもらって、親からの仕送りとアルバイトで暮らした。

予備校では真面目に勉強した。それまでの人生で初めて猛烈に勉強して、成績優秀だったから、指導教師が東京大学は無理だろうが東京工業大学なら入れるだろうと言うのでそこを目指した。小学生のころおぼろげに目指したマサチューセッツ工科大学への気持ちがまだ残っていたのだろう。しかし国語系が苦手で合格できず、もう一年進路を定めないままにぶらぶらしていた。

ぶらぶらしているのだから金に困らないわけはなく、ありとあらゆるアルバイトをした。いちばん給料がよかったのがキャバレーのドアボーイだった。どうしても食えないようになって、三食付いて寝泊まりできる新聞屋で新聞配達の仕事をした。渋谷の道玄坂あたりを配っていたが、少しばかり普通の住宅街ではない部分がある。昼間は新聞の勧誘が仕事で、一軒勧誘に成功すると五百円もらえた。一九五七年（昭和三十二年）当時の五百円は現在だと一万円前後だろう。小木曽は誠意が通じたのか、「新聞を代えてくれませんか?」と勧誘すると次々に代えてもらえた。そんなあるとき、おっちゃんが待ち構えていて「こっちは生活がかかっとんだ。あんまり荒さんでくれ」とすごまれ、それでやめた。

その一年間はほとんど最底辺の生活だった。その一方で、ありとあらゆる人たちの生活を見て、なるほどそういう世界もあるんだと教えられた。世の中の裏を勉強した貴重な一年だった。

2 東京が小木曽を変えた

和菓子屋への遅いスタート

「お兄ちゃんのことはあてにせーへんから、好きなようにやりなさい。妹に養子もらって継いでもらう」と諦めていたはずの父親が、妹がいつの間にかアメリカへの留学試験に通ってアメリカに行くことになり、妹に婿をとって後継ぎにしようという構想がつぶれた。父は手のひらを返して、「おまえ、継いでくれんか」と言いだした。

小木曽はまだ大学にも未練があったし、これからの人生をどうしようかと決めかねていた時期にある女性と知り合っていた。下宿の隣のお嬢さんで、ファッション関係の仕事をしていてフランスへ行くのを夢見ていた。

彼女と一緒に池袋へ行ったとき、駅前に易者がずらっと並んでいるのが目に入り、その一人に手相を見てもらった。その易者が「あなたの手相には金しか出ていない、どっから見ても金金金と出ている。学問はやってもしょうがないですよ。あなたはお金に恵まれているが、お金を使わなきゃいかんですよ。使えば使った分が二倍にも三倍にもなって戻ってくる、そういう運命にある」と言った。

これがヒントになって、父親に店を継ぐために一つ条件を出した。「菓子屋を継ぐにしても、二十歳近くなってどこかの店へ見習い小僧で行くのはいやだから、このまま東京で製菓学校へ行かせてくれ」と頼んだら、それでいいということになった。

再び勉強の虫になった

新大久保の東京製菓学校で一年半勉強した。昼間は和菓子を習って、夜間に洋菓子を勉強した。和菓子と洋菓子と両方覚えた。作るだけでなく、作ったお菓子は食べるから、味についての知識と言葉も増える。

さらに、その間に水道橋にあった村田簿記学校へ行ってそちらも勉強した。学校の近くが神田神保町という古本屋街だから、行き帰りにずいぶんと菓子関係の本をあさった。易者の「金を使えば二倍三倍になって戻ってくる」という言葉を信じたわけではないが、いまでは希覯本になった高価な本も買った。特に江戸時代から明治にかけての貴重な本や復刻版を見つけて目を通した。もともと非売品で限定五百冊しか印刷されていない『菓子文庫』はいま、楽庵老木やの店頭に並べてある。もとは宝暦年間(一七五一―六四年)出版の『古今名物御前菓子図式(上)』の復刻版で、あんこについても、並割り、中割り、上割りなど詳しく分類して書いてある。宝暦年間というのは八代将軍吉宗の次の時代で、老舗の和菓子屋に宝暦創業の店が目につくことから、和菓子文化が発展した時代なのだろう。

小木曽は本を通していまでは使わない用語も覚えた。他にも菓子関係のデザインの本があった。木版刷りで『天』『地』『人』という三巻のものを古本屋で探し、相当高価だったが手に入れた。こういうものが、自分で菓子作りをするようになってからずいぶん役立った。

あとは、目で見て耳で聞いて食べ歩いて知識を増やした。

一九二五年（大正十四年）一月十五日に創刊されている「製菓製パン」という菓子業界のバイブルのような月刊誌があるが、創刊者の金子倉吉さんが製菓学校の和菓子の部長だったので、学校へ来ていた。小木曽は金子さんを見つけるとつかまえてはいろんな話を聞いた。物おじせずに聞くと意外なくらいに喜んで教えてくれるので、小木曽が知らない明治時代の菓子屋の話をずいぶん聞いたし、東京の有名店の話やおいしい店も教えてもらった。

小木曽は師匠はいないし、「自分はそもそも菓子屋だけど職人タイプではない」と言うが、「菓子屋の知識なら職人には負けない」とはっきり言う。四年間東京で暮らして、和菓子についての知識を目と耳と頭と舌で自分のものにしたのは間違いない。

ひととおりの勉強を終え、見聞を広めていざ帰ろうと決めて父親に連絡した。「そちらに帰って店は継ぐけど条件がある。結婚相手を連れて帰るがそれでいいか」と念を押したら、父親は「結婚は認めるが、一年待て。こちらの仕事を軌道に乗せてからにしろ」と忠告した。小木曽が二十二歳で奥さんが二十七歳だから五歳年上。「名古屋でおやじの店を継ぐけど、ついてこんか」と言った。

初めの一歩がカステラ

父親が、「製菓学校へ行くのならなんにも覚えてこんでもいいが、カステラだけは覚えてこい」と言っていた。一九五六年（昭和三十一年）ごろの和菓子屋は、ケーキ屋に押しまくられてかなり苦しい状況だった。洋菓子屋に並んでいたケーキはバタークリームばかりで、いまのように生クリームを使ったケーキはなかった。クリスマスにクリスマスケーキを買って帰り夕ごはんのあとに食べるか、誕生日に張り込んで買ってやるという程度ではあったが、洋菓子に勢いがあったのは間違いなかった。父親は、カステラなら和菓子屋でもできるからそれを作れば売れるのではないかと考え、その夢を小木曽に託し、「あとのことはなんとかなるで。カステラだけは覚えてこい」と言ったのだ。

小木曽は小麦粉を主とする材料の割合、水加減、火加減、時間経過に伴う細かな手順、とりわけカステラ作りに欠かせない泡切り（きめ細かに焼き上げるために生地の気泡をとる）の作業など、必死になって覚えた。そして名古屋へ帰ってすぐにやったのは、東京で覚えたガス窯と同じ型で同じ性能のものを新星という道具屋の番頭に頼んで作ってもらうことだった。ここまでやれば失敗のしようがない。それがのちに名古屋の大ヒット商品ダイナゴンの開発につながっていくのだが、まだこの段階ではそのアイデアはかけらもなかった。

カステラの副産物

名古屋に戻ってカステラを焼いているうちに、ふつふつと研究心が湧いてきて、「普通のカステラでは面白くないからなにか特徴がある、よその店のものとは違うカステラを焼こう」と考えた。試みたのは卵の黄身と白身の分量を変えることだった。

普通のカステラはいわゆる全卵を使って作るから黄身が四に対して白身が六でどちらかというとさらりとした味になるが、小木曽はもっと濃厚で深みがある味のカステラを目指した。いまでこそ五三《ごさん》カステラといって卵黄を五にして卵白を三にする店が多くなっているが、名古屋に帰ってきてかなり早くに黄身が多い五三カステラを焼き始めたら、あっという間に評判になった。名前は普通の長崎カステラで売った。

すぐに問題が起きた。黄身が多い長崎カステラが売れれば売れるほど、卵の白身が余ってしまう。母親がどんな具の味噌汁でもいつも卵白を入れて使おうとするけれども、家族と職人数人が食べる卵白の量は高が知れている。冷蔵庫に保管しても毎日余り続けるので、困ってしまって下水に流した。しかし食べ物を捨てることには抵抗があるし、どうにももったいない。東京の製菓学校で習った知識を動員して、卵白を使ったありとあらゆる菓子を試験的に作ってみた。クッキーを作ってみたり、洋菓子系のもので試作を重ねたが、どうしても売れない。

研究と実験

最後に、これならどうだろうと行き着いたのが浮島《うきしま》という和菓子をアレンジして商品化することだった。浮島はあんを主な原料にして作るスポンジケーキのような和菓子である。名前の由来は菓子のいちばん下に粒あんなどを敷いて、その上のカステラ状のものが浮いているように見えるからといわれている。

関東では人気がある棹菓子だから、小木曽は東京製菓学校で製法を学んでいた。しかし、名古屋では意外に人気がない。ある程度日持ちもするし、冷蔵庫でなくても常温で数日間はおいしく食べられる。形式ばらないおやつとして手に持ってがぶりと食べてもいいし、抹茶味のものや、栗や小豆、甘納豆をちらしたものなどバリエーションも豊かである。ふっくらしっとりした食感は和風でもあり洋風でもある。一度食べるとそれなりに上品な味わいにはまる。

浮島が関東では人気があって名古屋で人気がないのにはそれなりの理由がある。一般論ではあるが、関東は卵の黄身をあんに混ぜて作る黄身あんを使う和菓子が好まれる。銀座清月堂のおとし文、練馬大吾の爾日久良《にいくら》、三田秋色庵《しゅうしきあん》大坂家の君時雨《きみしぐれ》などがとりわけ有名である。浮島は卵黄を使って作るので、どこか黄身あんの菓子と通じるのだが、お抹茶の盛んな名古屋では卵黄の匂いが抹茶の香りに合わないという人が多く、あまり人気がない。

小木曽は、五三カステラを作るときに不要になる卵白を浮島に使えばどうなるだろうかと考えた。浮島の材料は上新粉と小麦粉とあんなので、卵黄をやめて卵白だけを使った。卵白が増えるから小豆あんの量を増やしても歯触りが悪くならず、ふんわりしている。カステラを作る木枠にクッキングシートを敷いて材料を流し込めば、ほかに材料もいらなくてちょうどいい。しばらく手探りの試行錯誤が続いて、改良しながら店頭で売っていた。

当時はういろうがよく売れた時代だったので、棹のまま竹の皮に包んで売った。しかしこれではなかがどうなっているのかわからない。そこで切り口を見せようと考え一切れずつを透明なセロファンに包んで売った。

少しずつ売れ始めたときに、奥さんが「カタカナでダイナゴンと書いたらどうかしら」と提案してくれた。大納言小豆を使っていることからの発想だが、カタカナにしたのもよかったのだろう。上飯田から来たおばあちゃんに「こんなおいしいもん食べさせてもらって、私、生きとってよかった」って言われたことがあり、小木曽はいまもそのおばあちゃんのほめ言葉が忘れられない。上飯田から大曽根まで市電が通っていたから、おばあちゃんでも来れたのだろう。当時、小木曽は二十六、七歳で、これは売れる菓子だと確信した。

売れるが、作れない

順風満帆の船出だったが、すぐにぶち当たった問題は人手不足だ。一九五〇年以降、自動車産業が急速に発展し、トヨタ自動車の本社がある愛知県では人々が雪崩を打って自動車産業になびいていった。現に菓子屋で働いていた職人たちも、給料が高くて労働時間がきっちりして、日曜・祭日は休める自動車産業へと職場を変えていった。

小木曽がそのときのことを思い出して語った。

「とにかく製造に手間暇かけとっては勝負ができん。いまならどこの店にもある包餡機も当時はなかった。自分一人でやっていたんでは、せっかくのダイナゴンの生産が間に合わない。そこで生菓子組合の青年会にダイナゴンを持っていきました。ちょうどそのころは、中小企業が発展するには共同生産によって大量生産するしかないという指導があった時代だったんです。いい従業員を育てるには、給料を払わなきゃ成り立たない。一緒にやりませんかと二十人ぐらいいた青年会のメンバーに提案したんですが、みんなふ〜んと言っただけだったのでダメかなと思っていたら、二人が手を上げたんです」

こうして、戦後名古屋の最大のヒット商品といってもいいダイナゴンが一世を風靡することになった。

共同で作ったダイナゴン

ただのセロファン袋に入れていたのではいかにもお粗末なので、東京製菓学校時代に知り合ったパッケージ屋に、それまで八十円で売っていたダイナゴンをいいパッケージに入れれば百円で売れるはずだから、予算に見合ったパッケージを考えてくれと発注した。ダイナゴンの試作を始めてからすでに五年がたっていた。

二つの案の一つは『源氏物語』みたいな純和風のデザインで、もう一つは白いモダンなものだった。結局、白いパッケージでいこうと決めて三人で売り始めた。製品はそれぞれの店で作り、大きな注文が入ったときは作ったものを融通し合った。

やがて、一九六五年（昭和四十年）ごろに、仲間の一人が中日ビルにダイナゴン中心の店を出したら驚異的に売れた。勢いに乗ったメンバーがある百貨店に売り込みをかけた。売り上げ数字を提示して交渉すると、「こんなに売れているんか」とびっくりされて、一気に交渉が進んだ。担当部長も出席し「取り上げましょう」ということになり、販売が決まった。

まだ会社組織になっていない段階だから、知り合いの明治屋に頼んで口座を借りて取引を始めた。当時は資本金が五十万円で株式会社が作れたので、大急ぎで会社を立ち上げ、いくつかの取り決めをしてスタートした。案の定、その百貨店の売り上げも好調で、三軒の工場で持ち回りで作っていたのでは能率が悪すぎるということになり、千種区春岡通りに土地を借りプレハブの工場を建てて機械を買った。幸いダイナゴンの製造はあん炊き窯とミキサーと蒸し器だけでいいのだから、設備投資もたいしてかからない。それぞれ自分の店で売るぶんは自分の工場で作ることにしていたので、小木曽は若木屋を奥さんと職人に任せてやるしかなかった。

急展開

しかし、共同で建てた工場が一年とたたないうちにまたしても生産が間に合わなくなった。コマーシャルを打つわけでもないし、特別な宣伝をしたこともないが、口コミで広まって、販売は順調すぎるほど順調に伸びた。家庭でおやつに食べるのもいいが、手土産にぴったりだというのが大ヒットの理由だろう。

一九六八年、名古屋郊外の守山に土地を買って工場を作ることにした。小木曽が銀行へ三千万円借りにいったが、ダイナゴンを製造販売し始めたのも会社を作ったのもあまりに日が浅いので、銀行は小木曽に親の不動産を担保に出せと迫った。しかし小木曽が「親のものを担保にしたのでは、やりたいことがやれないからいやだ」と言うと、銀行の支店長は「それならとにかく三人一緒にこい、そのうえで相談だ」と言う。三人で雁首そろえて交渉に行き、これまでの成り行きから将来展望までを説明した。中日ビルと百貨店の売り上げを示しながら、百貨店の担当部長の名前を出すと、なんとその支店長と百貨店の部長が慶應義塾大学の朋友であることがわかった。支店長が「そんなことなら直接連絡してみる」と言ってその場で電話をかけると、百貨店の部長が「売り上げから実績から伸び率から間違いない会社だ」と請け合ってくれて、無事に資金調達ができた。

「商売にはそういう幸運や巡り合わせがあるもんです」と小木曽は振り返る。

菓子訓練校

やがて、小木曽にまさかの話が舞い込んできた。毎日毎日ダイナゴンの製造と運搬で忙しくしているさなかに、菓子業界の公の仕事をしなくてはならなくなったのだ。

名古屋市北区の生菓子組合の会合にはずっと父親が出ていたのだが、小木曽が二十八歳のとき、父親は五十八歳で年功序列から北区の組合長をやらなければならなくなった。しかし、「自分は口下手だから人前で話すなんてことは緊張してとてもできない。息子でよろしかったらやらせます」と小木曽に事前の了解もとらずに会合の席で話をまとめてしまった。

帰宅した父親から突然、「オレは引退するから、お前が組合長をやれ」と言われて、二十八歳で北区の組合長になってしまった。北区の組合長ということは、名古屋市の生菓子組合では理事になるから、そちらの会合にも出ることになった。理事会に行っても父親より年上の人ばっかりだから片隅でおとなしくしていた。しかし、三十二歳のときにたまたま菓子訓練校というものを設立する話が出て、「若い人、あんた名古屋生菓子組合の理事として学校に行ってくれ」と小木曽は言われた。学校のことなんかいまは忙しくてとてもじゃないと断ってはみたが、副校長にされてしまった。

いまは愛知県菓子技術専門校と呼ばれているが、設立当初は愛知県菓子訓練校といっていた。職業訓練校だから労働省の管轄だった。たしかに、菓子職人を養成するのが目的で、就職しようとする本人に役立つし、店も一定の技術を習得した人がきてくれるのだからとてもありがたい。愛知県洋菓子協会の会長が発起人で、いろんな意味で菓子屋の水準を上げなきゃいけないと……技術ももちろんだが、菓子屋としての心構えと社会人としての常識をきちっとしなきゃいかんという考えだった。

初めは月水金の夜間だけで、教える場所がないのでケーキ屋と和菓子屋の工場を借りて実習をして、集中講義は駅前にあった中小企業センターを借りてやっていた。小木曽が担当したのは、和菓子の先生を決める段取りと、東京時代から勉強していた和菓子の歴史を教えることだった。副校長を四年やって辞めた。

訓練校の上部団体は菓子学園協議会で、県の助成金はそこに下り、さらに一つの事業として訓練校へお金を出すという複雑な構図だったからなにかと問題が生じ、小木曽はなにかあると呼ばれては組織の立て直しを手伝った。

そんな経験を経た小木曽は、小さな菓子屋の会社でも、愛知県の菓子業界のことは全部わかるという。小木曽進は、二〇一〇年の秋の叙勲で、和菓子職人としての高い評価に加え、四十年にわたって専門校で後進の育成に貢献したことを評価されて瑞宝単光章を受賞した。

3　大波乱

大転換

ダイナゴンの製造に追いまくられ、業界団体の公職に就き、毎日の生活も仕事のペースもいままでとはすっかり変わってしまった。デパートへ納品するぶんは、新しく作った新会社の守山新工場で集中的に作る。自分の店で売る品物は自分の店で製造するが、その段取りから作業まであらゆる意味で小木曽が関わる時間的余裕がなくなり、若木屋は奥さんを中心に店員三、四人と職人二人だけでやらざるをえなくなった。

本来の若木屋の商売はサイドビジネスになって、ダイナゴン中心にすべてが動く。百貨店も自分の店も驚異的な売り上げだったが、奥さんの肩に大きな負担がのしかかってきた。新しいお客は、小木曽が店にいることはめったにないので、婿養子かと思うほどだった。この菓子は売れると確信して始めたとはいうものの、小木曽個人の思惑や予想を超えた速さでいろんなことが進んでいく。まさに目の回る忙しさで、夜寝るのは二時か三時で朝は七時には起きて働いた。休みはまったくとれなかった。

そしてやってきたのは、体調を崩すという最悪の事態なのだが、病気に襲われたのは小木曽本人ではなく妻の保子さんだった。ダイナゴンの開発から十五年が過ぎたころに、ときどき背筋が痛いと言うようになっていた。疲れているのは間違いがないから筋肉痛かなとそれほど深刻に考えてはいなかった。しかし、半年近く「痛い、痛い」と言い続けるので、知り合いの内科部長がいる名古屋のカトリック系の聖霊病院で検査をしてもらったら、痛みの原因が膵臓にあることが判明した。医者からは、「こんなに膵臓が弱っているのは激務の男性のビジネスマンしかない。根本的に生活を考えなきゃいかん」と言われた。薬で治る状態ではなく、手術することになった。

奥さんがダウンして入院

「膵臓手術の症例は京大病院がいちばん多いので、紹介状を書くから、そちらでしてもらったらどうですか」と言われたが、奥さんは「この病院から動くのはいやだ、ここでやってほしい」という。食べる量もかなり減っていて、全身が衰弱しているから無理もない。外科の先生に「この病院でやっていただけませんか」と頼んだら、名大病院からも応援にきてもらって手術することになった。聖霊病院始まって以来の、十二時間かけて膵臓の全摘に近い大手術になった。当時の聖霊病院はまだＩＣＵ（集中治療室）がなく、保子さんの姉は東京ですればよかったのにと不満を漏らしたそうだ。

一カ月で退院できたが、身体のあらゆることが入院する前と変わってしまい、自分が健康かどうかさえわからなくなり、とうとうウツ病になってしまった。夜中に家のなかをあちこちぐるぐる回ったり、ふさぎ込むことも多くなり、今度は聖霊病院の精神科へ入院することになった。精神科の先生からは「うつ病はかかった日数だけ養生すれば治るよ」と言われ、一カ月入院して治った。

いったん閉店したが

保子さんの体調が極度に悪くなって入院し手術した段階で、これではいかんと小木曽はいったん店を休んだ。ダイナゴンは守山新工場に頼って自分の店で作るのはやめた。

しかし、保子さんがうつ病になってみると、医者は「奥さんに何か目的をもたせんといかんですよ」と言う。保子さんは、座ったままでできるからということで日本画の勉強を始めた。

小木曽と保子さんは何回も話し合って、人を使わずに夫婦二人だけで店をやるのなら気楽だし、身体への大きな負担もないだろうからと、もう一度店を開けることにした。守山で作ったダイナゴンをここで売ったが、お客は一日十人程度になっていたから、それでやれた。

ダイナゴンの工場と販売のほうは落ち着いていたから、共同経営者の二人に任せればやっていけるだろうと考えて今後のことを話し合った。自分から言いだして共同経営してきたのに、その自分が抜けるのだから、小木曽は心苦しく、「なにももらわなくてもいい、お金も土地も工場もなんの権利もいらない」と言って抜けさせてもらう方向で話した。自分の取り分をくれと主張したら会社はつぶれてしまう。「ただ自分が身を引くに際して一つだけ助言をしたい。このままではなにか思わぬものが足りなくなって、せっかく順調に動いている車輪が逆回転しないともかぎらないから、東京と大阪の店は閉めたほうがいい」と言い残して去った。

二人で仕事をしながら、奥さんの心身がなんとか自立できるようになってきた。小木曽は女房が健康になってくれてうれしいなぁと思って、新しいお菓子を作った。「春駒」という名前である。早春だけに作る季節限定の華やいだ一品だ。
春駒の説明書きにはこうある。

春駒

「名古屋・北の鬼門　小幡の竜泉寺にちなんで製作したお菓子です。伊勢芋と米粉で作った紅白のカルカン皮に丹波大納言小豆の粒あんをはさんであります。食べ口のいい新春にふさわしい菓子です」

鬼門を鎮撫する尾張四観音の一つである竜泉寺にちなみ、春の遊びの春駒をイメージした菓子は保子夫人のカムバックを願った小木曽の心がこもっている。

小木曽が作る新しい菓子は、なにげなく食べると「ああ、おいしいなぁ」で終わってしまうが、製菓学校でひととおりの和菓子の製法を習得した小木曽は「菓子の知識ならだれにも負けないつもりです」というだけあって、春駒にもいくつかの面白い工夫が施してある。

お抹茶をいただく機会がとりわけ多い名古屋の

土地柄を考え、京都や金沢の老舗和菓子屋が作る伝統的な利休好みの菓子「麩焼《ふ》き」のイメージを取り入れてみた。麩焼きはもともとは薄く伸ばした小麦粉の生地を巻いて作ったが、いまでは扇の形にしたり月に模したりして、季節感を出す菓子にしやすいことから味よりも見た目を重視して作られる。小木曽は、茶席の干菓子をイメージしながら歯触りを変えた。小麦粉ではなく自然薯と米粉が原料の鹿児島名物のカルカンで作ったから、自然薯を擂り下ろして加工したときのしゃりっとしながらふんわり柔らかい独特の歯触りになっている。それに、高級小豆である丹波大納言を使った粒あんを挟んだのだから、味は申し分ない。小木曽の菓子の知識と飛躍する発想で、春駒は店を再開して以来の看板商品になっている。

後継ぎ息子が交通事故死

二人だけで営む小さな店は穏やかにずーっと続いていくはずだったが、予想外のとんでもない不幸が待っていた。

保子さんが再び店に立って働き始めた次の年、一九八四年五月に、息子さんが交通事故で十九歳の若さで亡くなったのだ。これからいろんな人生が始まる矢先の出来事だった。

そのとき、小木曽は四十七歳、奥さんが五十二歳だった。

小木曽進のこれまでを振り返れば、一九三七年（昭和十二年）に生まれ、五六年に十九歳で東京製菓学校入学。

一九五八年に帰郷して、五九年に父から若木屋良恭を継ぐ。そして結婚。

一九六一年にダイナゴンを開発。
一九八〇年、奥さん（当時四十八歳）が入院。

法楽

一九八四年、十九歳の息子を亡くした。

波瀾万丈というにはあまりに厳しい人生である。息子に突然先立たれた母・保子の嘆きと悲しみはさらに深く重かった。その姿を見ながら、小木曽も、「これはどうにもダメだ」と思った。「自分は妻をどう支えることができるのだろうか。立ち直ったとはいえ、重い病で二度入院させている女房の人生と自分はどう向き合うべきなのか」いまさらながら小木曽は苦悶した。

小木曽は悲しみと落ち込む気持ちをなんとかしなければと思いながら、ほかに方法を思い付けないまま必死になって菓子作りに取り組んだ。そうするよりほかに自分に道はないと思った。黙っていればため息が出てしまう。うつむきかげんの妻を傷つけないように気をつけながら、黙々と仕事に向かった。

そして春駒と対をなすような新しい菓子を作り上げた。名前を「法楽」という。春駒が紅白のカルカン生地なのに対して、こちらは白っぽい玉子煎餅二枚の間にこしあん入りの求肥餅をはさんだ。皮は煎餅屋さんに頼んで焼いてもらっている。手焼きの煎餅で、若木屋だけの特別な配合の生地を焼いてもらっているから、煎餅といってもパリパリ音がするわけではなく、絶妙の軟らかさになっている。その薄い皮にあんこを入れた求肥餅を使っているから、食べたときに「あれっ?」と思う。まさか食べたときにお餅の歯触りがするとは思っていないからだ。意外性がある菓子だ。

小木曽は「お客さんにはそんなことは言えないが、法楽は息子に捧げた菓子だ」と呟く。それぞれの菓子とその命名に自分と家族の人生が投影されている。

若木屋の菓子には語りつくせないほどのドラマが潜んでいる。

究極の試練

息子を亡くして十年間、小木曽夫婦は仲睦まじく無理をせずに店をやってきた。

結婚する前はファッションデザイナーだった保子さんは、もともとフランスへ行きたかったこともあって洋画を描いていた。退院後は、気分転換を兼ねて日本画を習い、余暇に絵筆を執っていた。ゆったりとしたそれなりに幸せな時間を過ごしていたのに、またしても究極の不幸が小木曽を見舞う。

一九九五年、小木曽が五十八歳のとき、保子さんが六十三歳で亡くなったのだ。

どうすることもできない。今度という今度はとうとう一人旅になってしまった。

いろんな思いが心を過《よ》ぎる。

妻が描きためた絵を知人や顔なじみの客などに配ろうと思ったが、娘さんから全部残してください

と懇願された。

そこで、四十九日の法要をすませると店で妻の絵の個展を開いた。そしていまは季節ごとに額装したそれらの絵を店に飾っている。その絵が和菓子屋の店先に気品を添えている。いまの小木曽は孤独が友人みたいなものだが、仕事場で菓子と向き合い、店でお客と向き合う楽しみをかみしめている。

楽庵老木やの店構え

現在の店は、一九八八年(昭和六十三年)の大曽根地区の大規模な区画整理が終わった翌年、八九年に建て替えたものである。JR中央線大曽根駅と地下鉄名城線大曽根駅から徒歩十分、名鉄瀬戸線森下駅から七分の距離にある。大曽根は戦前・戦後を通じて名古屋の北の盛り場として多くの商店街が繁盛し、劇場や遊郭までもあったにぎやかな街だったが、五五年から大規模な区画整理が施され、すっかりモダンな街に様変わりした。

老木やの真ん前の幹線道路は片側四車線。歩道が幅八メートルもある。住宅の多くは高層になっている。店の並びは銀行、病院、介護施設などで、よくある街のまんじゅう屋の立地条件とはかけ離れた場所だ。

入り口脇にはすがすがしい竹が何本か植えてあり、白い麻の生地にひらがなで「わ」と書いたのれ

んがかかっているからすぐに見つけられそうなものだが、ほんの少し奥に引っ込んでいることもあって店の間近まで来ても見つけにくい。「わ」は若木屋の「わ」、和菓子の「わ」で書をたしなむ友人が店先に腰を下ろして、ああでもないこうでもないと言いながら書いてくれたのだそうだ。

いまどきのことだから、遠方からナビを使って車で来る人や口コミで地図を片手に訪れる人も多い。誰も彼もが車で動くのだから、場所はどこでもいいのだろう。そういう時代にすでになっていることを小木曽は見越して店の場所を決めた。時代の先見性と同時に、いまを見る力も備えているのだ。

店は入ってすぐのところが畳敷きになっている。それにはこういういきさつがある。小木曽がまだ三十歳そこそこで、滋賀県大津の叶匠寿庵《かのうしょうじゅあん》がいまほど有名になる前に、知人が「いっぺん大津へ行ってごらん。最近できた叶匠寿庵がすばらしいから」と勧めるので行ってみた。すると店は昔ながらの座売り形式で、店の人が畳に座って応対し、客は手前にある平らな陳列ケースのなかの商品を指さして包んでもらう。小木曽は「ああなるほど」と思った。全国いろんな店を見てきたが、店の人がお客を見上げる販売形式のところはほかには見当たらない。そこでこのときに見た叶匠寿庵本店を参考にさせてもらったのだ。

叶匠寿庵は創業が一九五八年(昭和三十三年)で、まだ全国展開はしていなかったころだ。いくつかのお菓子を買い求めて店を出ると、ご主人が小木曽の姿が見えなくなるまで立って見送りをしていた。若い小木曽は「すごいもんだなぁ」と感動を覚えたものだ。ちなみに、叶匠寿庵が全国展開に乗り出し、直営店と百貨店内店舗を合わせて七十店舗以上を出店するようになるのにそれほど年月はかかっていない。

香果

さくら餅

笹わらび

小木曽の魂

小木曽はこのあと、取り憑かれたように矢継ぎ早に新製品を作っていく。しかも、新しい菓子には一手間どころか二手間も、それ以上にも、さまざまな工夫と菓子の常識を覆す試みを施している。

かぐのこのみと読む「香果」もその一つだろう。『古事記』『日本書紀』に出てくる不老不死の果物である橘の実にちなんで、金柑を使って作った羽二重餅である。薄い砂糖蜜で金柑を炊き、周りを軟らかい羽二重餅で包み、表面に寒天をかけてある。甘さと酸味とのど越しがたまらなくいい。

一口食べて仰天するのが「さくら餅」である。塩漬けの桜の葉に包まれた薄桃色の道明寺までは名古屋以西のさくら餅に共通しているのだが、噛んだとたんに驚きが口のなかに広がる。備中白小豆のあんのなかに、なんとワイン漬けにされたさくらんぼが忍ばせてあるのだ。この仕掛けは見事というしかない。

笹の葉に包まれた「笹わらび」というまんじゅうは、本わらび粉を練り上げた黒糖風味の皮に丹波大納言の粒あんを入れたパンチがきいたお菓子だ。お抹茶と一緒にいただいたが、渋めの冷たい玉露と合わせてみるのもいいかもしれない。黒糖の旨味にあえてジンジャーエールをぶつけてけんかさせてもいいかもしれない。

味がわかる人が減っているといわれているが、まんじゅう好きの口は肥えている。

「自分はどこにでもある菓子屋で、自分にしてみれば思い付きでやってるだけです」というが、そうではない。名古屋には特徴のあるお菓子がなくなったが、それは名古屋の菓子屋はおとなしくて冒険をしないからだ。個性的な味を作ることができるようになるには時間と経験といろんなものが必要だろう。小木曽自身は、ほかの店でやっているものはやりたくないといっていまもさまざまに工夫を凝らしている。

「E・あんばい餅」のヒット

そういう菓子がいくつもあるが、とりわけ秀逸なのが「E・あんばい餅」である。料理で味を調えることを「塩梅《あんばい》をみる」というが、小木曽は素材としてのぼた餅をE・あんばい餅にブラッシュアップした。E・あんばい餅は作り始めてまだ十年たつかたたないくらいの最近の商品だ。いい塩梅の「いい」をわざわざアルファベットで「E・」としたのも小木曽のセンスの面白さである。

E・あんばい餅の形を拙著『日本まんじゅう紀行』一五〇ページから引用する。

E・あんばい餅

「老木やのE・あんばい餅は形が不思議です。長さ約六センチ、高さ三センチ、幅二センチ、底の幅二センチほどの半円筒形。江戸時代の枕、貨物列車で運ばれるタンク、トンネルの内部のような形状で、両端の断面から粒あんと餅とその上にまぶしてあるきな粉と黒ゴマの粉が判別できます。

　柔らかなあんばい餅を私は上等の白い竹の箸でいただきます。お茶は香りの高い焙じ茶。抹茶をたてて黒文字でいただくとか、もっと斬新にアールグレーの紅茶と銀のフォークでとも思いますが、やはり王道でいきましょう。

　きな粉とゴマの香りを楽しんでから、店主自慢の小豆の風味をいただきます。なんでも塩麴で味を調えてあるとかで、深みのある味です」

　E・あんばい餅はほとんど午後の早い時間に売り切れてしまうほど客の人気は高く、かといって大量生産はできないので、たとえ二つでも三つでも予約してほしいと小木曽は言う。

とにかく、小木曽の菓子作りの発想は既存の菓子の枠を超えている。

製菓学校で基本を学び、江戸時代から明治時代に書かれたまんじゅうの書物に目を通し、自分が店主になってからも多くの店のまんじゅうを食べてきて得た和菓子の知識の蓄積が原動力になってできた独創の和菓子である。

蛇足だが、近頃、二十代・三十代の若い菓子職人たちが洋風の和菓子を作ったり、見た目が華やかでおしゃれな和菓子を創作して人気を博しているが、唯一の致命的な欠点は「それほどおいしくない」ことだと思う。お菓子を作ってはいるが、舌で作っていないからこういうことになる。

小木曽がE・あんばい餅を箱詰めしながらしみじみと語ったことがある。

「ここへ店を移転して十年たったときに女房が亡くなりました。それから三十年近くたってこれを作ったのですが、E・あんばい餅は女房に捧げたようなもんです。いろいろなことがありましたが、いまはいい按配に暮らしているよって報告しています。仏壇に手を合わせるより、それが供養だと思ってね」

さらにこうも言った。「息子は、父さんそれ以上やってはいかんよ、と身を張って止めてくれたように思えて感謝しています。女房は、仕事もお付き合いもそこそこにしてきちっと生活しなさいよ、ってね」

4　誰が継ぐか

店名を変えた

若木屋良恭という店の名前を、小木曽は七十五歳になって楽庵老木やに変えた。二〇一二年のことだった。

七十五歳で店をやめようと思っていたが、いろいろ考えた結果、続けるべきだろうと思った。ただ、続けるが、従来どおりにはできない。品数を減らす。大量注文は受けない。売り切れごめんにする。週二回休む。そして店名を変えた。若くないので若木屋はやめて老木やにしたが、そのままではいかにも雰囲気が寂しいので、上に楽庵と付けた。これなら楽しいだろうと決めたのだ。

これはすごいことだと思う。

どこの世界に、親から継いで五十三年間しっかり守り、さらに発展させてきたのに、七十五歳になってから店名を変えるような人がいるだろうか。

アグレッシブと言いたい。そして、変人だとも言いたい。

要するにとてつもないことをやってのけてきたのが、最後の和菓子名人と呼ばれ、和菓子のマイスターと呼ばれる小木曽の真骨頂だ。

楽庵老木や　店内

いつまでやるの

楽庵老木や店主の小木曽進は、先述のように一九三七年（昭和十二年）十月生まれの八十歳である。かくしゃくとしている。健康に心配はない。店は美しくて掃除も行き届いている。店主の応対になんの不安も不満もない。だが八十歳という年齢は、この店の味に引かれている者にとっては、これからどうなるのか気にならざるをえない。

「いずれ閉めます」

自分の店をいつまでやるつもりなのかと聞いた答えがこれだった。八十歳の小木曽に、米寿を迎える八十八歳になったらどうするのですか、さらに九十歳になったらどうしますかという数字をぶつけてみたが、そんな誘導尋問には答えがない。

あと三年はやります。そのあとのことは、そのときになったらまた考えりゃあいいじゃないですか。その間にやりたいって気持ちがいまより強くなるかもしれないし、このままかもしれないし、そんなことはなんともいえんじゃないですか。ですから、あと三年はやろうと考えています。

老木やは小木曽が八十三歳になるまでは続くことが決まっているということだ。

八十面下げてそれでもお客さんが来てくれるというのは、うれしいですよ。それなりに信頼してもらっているんですかねぇ。久しぶりに来るお客さんは……開いとってよかったよかった、って言ってくれますよ。

誰の手伝いもなしに製造から販売まですべて一人で店を切り盛りしているのは不思議な感じがするが、本人はあっけらかんとしたものだ。達観しているのか悟達の境地なのか、わからない。週二日店を閉めても、仕事はしている。

お客が多い午前中はすぐに手を離せる作業をして、手が抜けないような仕事はお客が少なくなる三時過ぎに入れている。それでも重なってしまったら、「すいません、少し待ってください」と作業場から店先に少し大きな声で言えばお客も怒りはしない。

最新鋭の冷凍技術

老木やの仕事場

常に十種類以上の季節の和菓子を店頭に用意しているが、いまは冷凍庫があるから、昔に比べると格段に楽になったという。急速冷凍技術の驚くほどの進歩で、マイナス三〇度まであっという間に温度が下がる。

少々専門的になるかもしれないが、あんこでも肉でも魚でもほとんどの食品は冷凍保存することが可能だ。食品の鮮度と旨味を逃さないのは、ただただ冷凍する速度にかかっている。食品のなかに含まれている水分はゆっくり冷凍されると大きめの氷の結晶になってほかの組織を傷つけ、解凍するときには水になって溶け出してしまう。しかし超高速冷凍すると、水分がごくごく微細な氷の結晶のままで凍るので、解凍するときにはもとの食品に含まれていた水分の状態に戻ることができる。だから、作り立ての菓子のおいしさがまったく損なわれずに保てるのだ。

小木曽の和菓子人生の出発は十九歳のとき、おやじさんにカステラだけは覚えてこいといわれて入学した東京製菓学校である。その学校で習ったとおりのカステラだけを焼いていたのでは次のステップはなかった。カステラの卵黄を増やして味の豊かな五三カステラを作ることによって卵白が余ったことから、転がるように小木曽の和菓子屋人生が急展開した。

子どものときから勉強好きだった小木曽の性格からすると、チャレンジ精神や研究熱心はもともと身に付いていたもので、入り口がカステラ以外でもずいぶんと面白い和菓子屋になったのは疑うべくもない。理系の芽はラジオ作りに凝った子どものころにすでに現れているが、小木曽とコンピューターの付き合いにも驚く。国語が苦手で字を書くことが嫌いだった小木曽は、コンピューターのごく初期に飛び付いた。日本最初のコンピューター会社であるソードの創業が一九七〇年で、実際に日本初のパソコンを売り出したのが七七年。そのソフトを一年間習いにいった。和菓子屋が自分でコンピューターのプログラムを組もうとしたのだ。その前後にオフコンを買ってみたが、これは使いものにならなかった。

一九八二年の十月に98シリーズとして日本中のオフィスで使われるようになったＮＥＣのＰＣ９８０１が発売されたが、すぐに手に入れた。恐るべき和菓子屋といわざるをえない。

若い人への伝言

あえて聞いてみた。「若い人に店を引き継いでもらうつもりはないですか？　たとえば菓子学校の卒業生で基本がしっかりして、独創的な人がいたら譲ってやってもいいですか？」と。

しかし、小木曽の答えは「ノー」だった。

「私がやってきたことを継いでもらうのは、ここまできてしまうと無理だと思う」とはっきり言う。

自分が六十歳代のころの店だったらまねはできても、それからもいろいろ考え考え、いろんな工夫をしてきたし、見える部分と見えない部分といろいろあるから、いま、私のやっていることを継いでもらうのは不可能。たとえ若い職人さんで基本ができていても、とうてい小木曽流のアレンジを二年や三年で教えることはできない。

それでも最近、若い人が、自分の菓子屋をこれからどういうふうにしていったらいいだろうか、とアドバイスを求めてくることがある。小木曽はアドバイスをする前に、「売れない売れないと言っているが、売れている店は相当な努力をしていますよ」と、名代豆餅だけで毎日長蛇の列ができる京都出町のふたばの例を示す。「ふたばでは歩道にお客さんが並んで近所にご迷惑をかけるので、小僧さんが一生懸命交通整理している。その姿を参考にしたらいかが」とも言う。

「まんじゅう屋で食えるようになるのは相当年とってからだから、それまで食いつなぐ方法を考えておかないといかん、いちばん確実なのは甘味喫茶を併設することだ、おいしいあんみつやお善哉なら作れるでしょ、そうやって同年代のファンを作りなさいよ」と教える。お茶の世界で使うような菓子が売れるのは相当先のことだから、と諭す。あるいは、大福餅のようなおやつの菓子を考えるかどちらかですよ、とヒントを与える。

上生菓子と餅、どっちで勝負するか、どっちが簡単かということではなく、餅のほうが購入層が幅広いことに尽きる。

高齢はどう影響しているか

まんじゅう屋の仕事は手先の仕事のように思われるかもしれないが、かなりの重労働である。まず原材料が重い。砂糖、小豆、小麦粉は三十キロの袋に入って運ばれてくる。最近は二十キロ入りが増えてはいるが、いまも小豆は三十キロでくる。昔は俵だったから、六十キロの重さの俵を小柄な小木曽は平気で運んだという。先日も、「グラニュー糖と白双糖と氷砂糖を仕入れましたが、ちゃんと持ちましたよ。引きずるんじゃなくて、抱えて持てますよ」と笑い飛ばしていた。

重いものを運ばなければならないし、一日中ほとんど立ちっぱなしだから腰への負担は大きく、五、六年前に座骨神経痛になった。精密検査をしたが骨に異常はなく、鍼の先生が「痛みを止めるだけならなんとかしてあげるよ」と言ってくれて二カ月通って治った。いまは重いものを持つときにぎっくり腰にならないように、ゴムの骨盤ベルトをしている。

一年少し前に高いところのものを取ろうとしてテーブルの上に乗ってひっくり返ったことがある。頭を強く打った。それから二カ月ぐらいたってどうもフワァフワァ〜とするので、近くの脳外科病院に行くとすぐにMRIを撮ることになった。結果は硬膜下血腫と診断された。打ったときから血がたまって慢性化していたようで一週間入院して血を抜いた。一年たって再度MRIを撮ったらきれいになっていた。

ついでに「老人性認知症とかそういう症状はないですか?」と聞いたが、「そういう症状は脳のなかでは見られんね」と言われた。いまだ言葉も考えも判断も記憶もすべてはっきりしている。

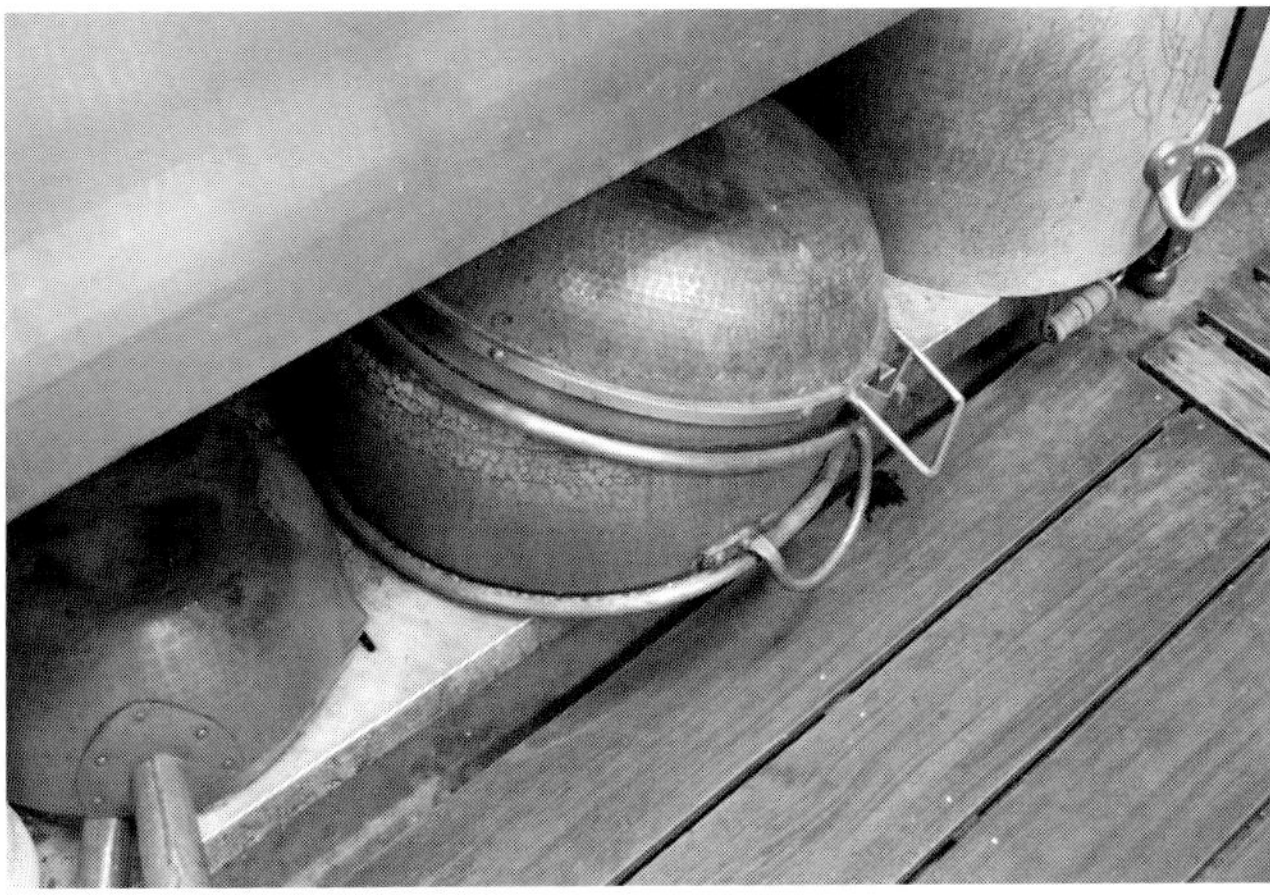

老木やが使っている鍋

かかりつけの内科で毎年誕生日に検査してもらう。血液検査でガンもある程度わかるらしいが、医者には「ガンの兆候があっても教えてもらわなくていい、八十歳過ぎているのだからそのまま共存しようと思うし、女房もいないから手術して入院しても面倒みてくれる人が誰もいない。死ぬ準備だけはしなきゃいけないので、先生には亡くなる二、三カ月前に教えてもらえばそれでいい」と言ってある。

内臓は心臓も胃も肝臓もなんともない。おなかがちくちくするのでCTを撮ってもらったら、膀胱に砂がちょっとたまっているが問題ない。前立腺がちょっと大きいが、年齢相応のもので小便が出にくい程度、あとはどこも悪くない。

小学校時代の親しい仲間に医者になった人間がいるので相談したら、「それは正解だ。オレでも八十歳になったらぜったいメスは入れんよ。ガンだって言われたってそんな急激に大きくなるわけでもないし、共存したほうがいいと思う」という意見だった。

硬くなる餅が八十歳の夢

そんな小木曽に、「これから作りたいものはどんな和菓子なのか、新しいものを作りたいですか」と聞いてみると、意外な答えが返ってきた。

「大福餅が作りたいですね。昔ののし餅のような腰のある餅で、大福餅を作りたい。いまの大福はトロトロに軟らかいのが主流になっていますが、夕方には硬くなって次の日には焼いて食べなきゃならんほんとうの餅を作れば、必ず売れると思うのですが」

餅を専門に作っている餅屋さんに、「昔のようにきちんとした餅をどうして作らんのかい」と聞いたら、答えは、「のどにひっかかったときに、いまの腰のない餅だと何とか引っ張り出せるが、昔の餅は絶対的に取れないから」というのが理由の一つだそうだ。

一般的に、大福の原材料はもち粉である。白玉粉の場合もある。これに砂糖を加えることで軟らかくなり、日持ちもする。卵白を入れればもっと軟らかくなるが、小木曽は「そのやり方は好きではない、やっぱり夕方には硬くなる大福を作りたい」というのだが、小木曽は「自分は餅系統のまんじゅうを作ってこなかったし、工場に餅つき機も持っていない。でも、というか、だから、というか、なにか一つ開拓しなきゃいかんなぁと思うと、腰のある大福餅を作りたい」のだそうだ。「これからのお菓子というものは、お茶席でいただく上生菓子云々よりも、江戸時代に庶民を対象とした菓子、おいしくて気取っていない、そういうものを手作りしたい」ともいう。

大阪の十三に江戸時代から続いている喜八洲《きやす》の焼きもちというのがある。名前は焼きもちだが実際には焼いてなくて、「明日には硬くなるので焼いて食べてください」と書いてある。大福も酒まんじゅうも硬くなっていいのだ。餅だから硬くなるのは当たり前で、それがおいしい餅の原点だし、作れば売れるのになぁと思っている。

父親の働く姿を見ながら育ち、こんなおやじみたいに働くのはいやだって思っていたのに、いまは朝起きて夜寝るまで働いている。へたをすると死ぬまで働くことになる。

「まったく子どものときとは逆のことになったなぁ。ついこの間も小学校のときの仲間と会ったけど、「お前がうらやましい。一生懸命やる仕事があるのがすごい」って言われるようになったんですよ、このごろは」とうれしそうに笑った。

田舎饅頭の夢

戦後しばらくたって、人々がひととおりの日常生活を取り戻した段階で作ったまんじゅうが田舎饅頭である。なかのあんこが皮の破れ目から見えていて、いかにもうまそうでまんじゅうの原点だった。なかの粒あんも小豆の形はとどめてなくてつぶれているのだが、それはそれでおいしかった。

皮は小麦粉で作るのが一般的だが、小木曽は伊勢芋で作るというから田舎饅頭より薯蕷饅頭に近いのだろう。いずれにしても皮の破れ目からあんこが見えるくらい薄く包むのがこのまんじゅうの特徴だった。あれほど薄い皮にあんこを包むのは手作業だからこそできることで、包餡機では絶対できない。店頭から急速に消えていったのは包餡機の導入と軌を一にしている。粒あんをへらで包んでいくのはまんじゅう職人の基本中の基本だったが、いまはそうでもないのだろう。

小木曽は、「昔手で作っていて、機械ではやれないようなものをいまやると意外とお客さんはおいしいと言ってくれそうな気がする」という。いまの若い人は知らないから、かえって売れそうなものはいくつでもある。

個性的なまんじゅう

名古屋では和菓子屋の数が減っていて、二、三十年前には組合員は三百人だったのに、いまは百人あるかなしである。一方で全体の和菓子の消費量は減っていない。町場の菓子屋の店舗数は減っているのに、全体の売り上げが伸びているということは、お客が大きな和菓子屋に集中する傾向があると同時に、一個ずつ買えるコンビニやパック入りで買うことができるスーパーでの販売量が増えていて、全体として消費量は減っていないと分析する。そのうえで、八十歳の小木曽はさらにポジティブに考える。

東京は別だ

まんじゅうが売れない時代になったのではなく、ほんまもんのお菓子を提供するのは名古屋市内で十軒もあればいい。手作りのお菓子屋が残っていくのはたいへんなことだが、そういう菓子屋さんだけが残っていく。絶対なくならないと思いますが、ほんとに何軒もいらない。

小木曽は「ただし東京は別だ」という。「東京という市場は巨大だから懐が深く、掘り起こすとまだまだいろんな菓子屋が出てくる。東京に四年いたのはずいぶん昔のことだが、商売するには東京が面白いことに間違いはない」

「自分がダイナゴンで東京へ進出して失敗したなぁと思ったのは、名古屋が本店であることがブランド力の面でマイナスにはたらいたためだ」と分析する。「大阪には引けを取らないが、東京で名古屋は通用しない。名古屋の田舎から出てきた新参者がとみくびられたのだ」

小木曽進

いまから考えると、東京の人が憧れたのは鎌倉と京都だった。東京市場を開拓するには文化的な要素、バックボーンが必要だと感じている。

北鎌倉儀平。和歌山県串本のうすかわ饅頭の儀平が北鎌倉に店を構えた話をすると、「同じ鎌倉でも北鎌倉は小町通りに店を作るのとはまったく違う。地元の人が来るし、メディア戦略を含めて波及効果が違う。儀平の戦略は見事だ」と小木曽はいたく感心した。

いま、八十歳だから冗談だとしか思えないが、小木曽が「私のところは、機械はあん練り機だけですからね。求肥もあん練り機で練るんです。そもそもあん炊き機が小さいからなんだって使い回しできるんです。ミキサーも使わないし、焼き物しないからオーブンもない。なんにもいらないんです。北鎌倉へ引っ越そうとしたら、すぐに引っ越せます」とけっこう本気で言いだした。きわめて身軽なのである。

名古屋最後の和菓子名人と言われた小木曽進が八十一歳で北鎌倉に店を構えるかもしれない、と想像するだけでわくわくする。

そしていまは

「正月になると今年はこんなことをしようなんて考えるものですが、小木曽さんばどうですか?」と聞いてみた。

すると、自らに言い聞かせるように小木曽がつぶやいた。

> 今年はどうしようかとか、そのことを考えないようにしている。
> こっちへ進もうと思ってもそうはいかない。あっちに行こうとしてもそうはいかない。なるようにしかならないのですから。
> ほんとうにいろんな遠回りをしながらここへきたのです。

ダイナゴンをずっとやっていたり、息子が健在だったらこういう菓子人生にはならなかった。

息子と女房の助けでここまできています。

私はいま、ここでお客さんを待っているのがいちばんです。

自分で作った菓子に会いにお客さんが来てくださる。

それが自分が存在している意味だろうと思っているのです。

女房と息子にありがとうと言いながら、まだやりますよ。

［著者略歴］
弟子吉治郎（でし きちじろう）
1947年、滋賀県生まれ
中部日本放送勤務を経て執筆活動を開始
著書に『日本まんじゅう紀行』（青弓社）、『立川談志 鬼不動——天空のネタ下ろし』（河出書房新社）、共著に『龍太郎歴史巷談——卑弥呼とカッパと内蔵助』（光文社）など

まんじゅう屋《や》列伝《れつでん》

発行———2018年2月15日　第1刷
定価———1800円＋税
著者———弟子吉治郎
発行者———矢野恵二
発行所———株式会社青弓社
〒101-0061 東京都千代田区神田三崎町3-3-4
電話 03-3265-8548（代）
http://www.seikyusha.co.jp
印刷所———三松堂
製本所———三松堂

ISBN978-4-7872-2072-1 C0023

弟子吉治郎

日本まんじゅう紀行

福島の薄皮まんじゅう、仙台のづんだ餅、四日市のなが餅、草津の温泉まんじゅう、奈良のよもぎ餅に京都のあぶり餅、東京の黄金芋、北海道の羊羹……。おいしそうな写真を添えて店舗の情報とともに紹介する。　定価1800円＋税

吉野りり花

日本まじない食図鑑

お守りを食べ、縁起を味わう

季節の節目の行事食や地域の祭りの儀礼食、五穀豊穣などを願う縁起食などの全国に息づく「食べるお守り」＝まじない食と、その背景にある民俗・風習、それを支える人々の思いをカラー写真とともに紹介する。　定価2000円＋税

魚柄仁之助

台所に敗戦はなかった

戦前・戦後をつなぐ日本食

家庭の食事を作っていた母親たちは、あるものをおいしく食べる方法に知恵を絞って胃袋を満たしていった。戦前―戦中―戦後の台所事情を雑誌に探り、実際に作って、食べて、レポートする、「食が支えた戦争」。　定価1800円＋税

西村大志／近森高明／右田裕規／井上義和 ほか

夜食の文化誌

ラーメンやおにぎりなど、受験勉強や夜型生活になくてはならない夜食は、どのようにして全国に普及して、一つの文化として成熟したのか。文化的・歴史的な過程をたどりながら、夜食と日本人との関係を考察する。定価1600円＋税

武田尚子

もんじゃの社会史

東京・月島の近・現代の変容

月島を代表する文化＝もんじゃを題材にして、下町とウォーターフロントの両面をもつ月島の歴史を描き、商店街の経営者たちのネットワークや働く女性たちのたくましさ、進化する下町のローカル文化を照らす。　定価2000円＋税